アイティル

ITIL®4の教本

Information Technology Infrastructure Library

（ ベストプラクティスで学ぶ
サービスマネジメントの教科書 ）

最上千佳子 著

はじめに

■ ITILとは「サービス」の話

お客様がいつでも満足して使ってリピートしていただけるサービスを提供したい！それはサービスを提供しているあらゆる人が願うことでしょう。ITILは、そんな価値あるサービスを創って維持する方法について、世界のノウハウをまとめたものです。

■ あらゆるサービスに使えるITIL

ITILはIT分野から生まれたものですが、実はITに限らずあらゆるサービスの参考になるものです。しかも、最近では身の回りのほとんどのことにITが使われています。買い物はキャッシュレス、オンラインショッピングで希望日時に荷物が届き、不在のときはスマホアプリで再配達依頼、レストランではタッチパネルで注文からお会計まで完結……。私達の日常は意識しないくらいITサービスで溢れています。つまり、サービスに携わるあらゆる人にとって、ITILが役立つ時代に突入したと言えます。

今何かのサービスを実施している人、これからサービスを立ち上げようとしている人は、ぜひITILを学んでみてください。今しようとしていることを成功に近づけるためのヒントが散りばめられています。

■ 最新のITIL 4シリーズを伝えたい!

私が本書の執筆を決めた理由は、大きく2つあります。

1つ目は、DX（デジタル・トランスフォーメーション）時代に対応したITIL 4のエッセンスを、少しでも早く日本のみなさんに伝えたい！と思ったからです。2019年2月にITIL 4ファンデーション書籍がリリースされ、その後2020年12月までに、全てのITIL 4シリーズがリリースされました。しかし、2022年1月現在、日本語版がリリースされているのは初級レベルの1冊だけです。

日本のみなさんにITIL 4の素晴らしさを1日も早く知ってほしい！……その思いが、本書執筆を決めた一番の理由となりました。

2つ目の理由は、「何とかITIL4の全体像を掴み、活用するためのきっかけを作りたい」「ITIL 4シリーズへの心理的ハードルを下げたい」と思ったからです。

いずれはITIL 4シリーズの日本語版が全てリリースされると思いますが、正直なところ分量も多く、内容的にも難解な部分が多いため、初学者にはとっつきにくくなることが予想されます。それはITILの翻訳が、「原文の真意を間違えなく伝えるため」という一貫した品質方針に基づくからです。

そこで、初学者でも読みやすいように、ITIL 4のエッセンスをわかりやすくかみ砕いて説明したい！と思い、今回、筆を執ることにしました。

■ 本書が想定している対象者

本書は、次のような人を対象としています。

・最新のITILシリーズ全体について概要を知りたい人
・DXに必要なサービスマネジメントの要素を知りたい人
・これからサービスを立ち上げようとしている人
・既にサービスを実践していて、より良くしたい人

「あらゆる経済活動はサービスである」という言葉があります。あらゆるサービスを持続して成功させるためのヒントが、ITILにはたくさんあります。

本書が、そのエッセンスを紐解き、みなさんのITILの旅路を、そしてサービスの旅路を明るく照らすことができれば幸いです。

最上 千佳子

ITILの役立て方

ITILは、IT関係者のみならず、あらゆるビジネス・パーソンにとって役立つ内容となっています。そこで、ITILが解決してくれる主な課題や、解決のヒントが記載されている該当章およびキーワードを紹介します。

■ 価値あるサービスを提供したい!

世の中のほとんどの仕事が「サービス」です。顧客に価値があると感じてもらえるサービスを創り、提供するにはどうすればよいでしょうか?

ITILのココをチェック! **CDS** （サービスを創り、提供し、サポートする）

価値あるサービスを提供するためには、顧客を明確にし、技術を活用し、価値を届けるための流れ（バリューストリーム）を洗練させ、それを実現する人と組織を作る必要があります。詳細はITIL 4の「CDS」に記載されています。

第3章へGO!➡

キーワード **VSM** （バリューストリーム・マップ）

■ 息の長いサービスを創りたい!

短期間で終わらず、長期的に顧客に愛される息の長いサービスは、どうすれば創ることができるのでしょうか?

ITILのココをチェック! **DSV** （利害関係者の価値をドライブする）

息の長いサービスを創るためには、利害関係者それぞれにとって価値があり、持続可能な仕組みを作る必要があります。詳細はITIL 4の「DSV」に記載されています。

キーワード **カスタマ・ジャーニー**

第4章へGO!➡

■ 変化に柔軟に対応できる組織にしたい!

変化の激しい環境において、自分達も迅速かつ柔軟に変化し、生き残るために必要なものは何でしょうか?

ITILのココをチェック! **HVIT** （ハイベロシティIT）

変化に柔軟に対応できる組織にするためには、リーン・カルチャや複雑性思考に基づき、学習し改善し続ける組織を形成する必要があります。また、そのためにはセーフティカルチャも大切になります。詳細はITIL 4の「HVIT」に記載されています。

第5章へGO!➡

キーワード **リーン、複雑性思考**

■ 一致団結してビジョン／目標を達成する組織にしたい

組織が同じ方向に向かって軌道修正しながら進み続けるためには、どうすればよいのでしょうか?

ITILのココを チェック! **DPI** （方向付けし、計画し、改善する）

一致団結してビジョンや目標を達成する組織にするためには、ビジョンや目標を決め、測定して軌道修正しながら、前進し続ける必要があります。改善し続けることがカルチャとなれば最強です。詳細はITIL 4の「DPI」に記載されています。

第6章へGO!

キーワード **GRC、継続的改善モデル**

■ DXを進めたい!

どんどん出てくる新しい技術と、どんどん変化する環境の中でDXを進めるために大切なものは何でしょうか?

ITILのココを チェック! **DITS** （デジタル戦略とIT戦略）

DXを進めるためには、具体的なデジタル戦略を作成し、複数の案のROI（投資対効果）を検討しながら進める必要があります。そのためには組織全体の変化が必要となるので、ビジョンを伝え、結果を可視化し、組織の変化をマネジメントし、進化し続けるカルチャを作っていかなくてはなりません。詳細はITIL 4の「DITS」に記載されています。

第7章へGO!

キーワード **デジタル戦略**

■ 世界の成功事例を参考にしたい!

ここまで列挙した課題を解決するための、具体的な管理方法はあるのでしょうか?

ITILのココを チェック! **プラクティス・ガイド**

ITIL 4の「プラクティス・ガイド」には、過去30年以上にわたるサービスマネジメントの事例がまとめられています。CDS、DSV、HVIT、DPI、DITSのどこでも参考になるプラクティスが、「4つの側面」の観点でまとめられています。

第8章へGO!

キーワード **4つの側面**

■ サービスマネジメントの基本を理解したい!

サービスマネジメントの基本を学ぶにはどの章を読めばよいでしょうか?

ITILのココを チェック! **ファンデーション**

ITIL 4の「ファンデーション」には、サービスの定義やサービス提供のための仕組み、サービスに携わる者として拠り所とすべき基本的な考え方など、「サービスマネジメントの基本」が紹介されています。

キーワード **SVS** （サービスバリュー・システム）

第2章へGO!

目次 CONTENTS

第6章 ITILの活用④
方向付けし、計画し、改善する －DPI－
－組織とサービスの目指す未来に向かって進化し続けるために－

第7章 ITILの活用⑤
デジタル戦略とIT戦略 －DITS－
－DXの旅に出よう！－

第8章 ITILの活用⑥
プラクティス・ガイド －実践例 The Practice Guides－ ・・・・・ 221
－成功事例を参考にする－

※「ITIL 4を紹介する」という本書の趣旨に基づき、章タイトルや目次はなるべくITIL 4の各書籍に合わせるようにしています。ただし、用語の定義などの出典を明記している部分以外は、著者の知識や経験や他の文献に基づくものも組み込んでいます。本書がITIL 4そのものの内容ではないことを、あらかじめご了承ください。

本書のアイコンについて

本書では、補足説明を「KeyWord」「参考」「MEMO」「Column」の4つのアイコンで分類しています。

KeyWord 重要な用語の定義です。

参考 本書の内容を理解するために、知っておいたほうがよい参考情報です。

MEMO 豆知識や過去のバージョンのITILとの違いなどを紹介しています。

Column テーマに関連する事例や、著者の見解などを紹介しています。

読者特典のご案内

本書の読者特典として、著者がITSM/ITILのユーザグループであるitSMF Japanの会報誌に寄稿している「4コマITSM」（ITSMに関する4コマ漫画とその解説）の一部をご提供いたします。詳細は以下のWebサイトをご覧下さい。

【URL】
https://www.shoeisha.co.jp/book/present/9784798174211

- 会員特典データのダウンロードには、SHOEISHA iD（翔泳社が運営する無料の会員制度）への会員登録が必要です。詳しくは、Webサイトをご覧ください。
- 会員特典データに関する権利は著者および株式会社翔泳社が所有しています。許可なく配布したり、Webサイトに転載することはできません。
- 会員特典データの提供は予告なく終了することがあります。あらかじめご了承ください。

参考文献
本書の執筆に際しては、次の書籍を参考にしました。

『ITIL 4 ファンデーション』（PeopleCert社）
『ITIL 4 Create, Deliver & Support』（PeopleCert社）
『ITIL 4 Drive Stakeholder Value』（PeopleCert社）
『ITIL 4 High Velocity IT』（PeopleCert社）
『ITIL 4 Direct, Plan & Improve』（PeopleCert社）
『ITIL 4 Digital & IT Strategy』（PeopleCert社）
『ITIL はじめの一歩　スッキリわかるITILの基本と業務改善のしくみ』（翔泳社）
『ビジネスモデル・ジェネレーション　ビジネスモデル設計書』（翔泳社）
『知識創造企業』（東洋経済新報社）
『ザ・トヨタウェイ（上）』（日経BP社）
『ザ・トヨタウェイ（下）』（日経BP社）
『The DevOps ハンドブック　理論・原則・実践のすべて』（日経BP社）

本書内容に関するお問い合わせについて

このたびは翔泳社の書籍をお買い上げいただき、誠にありがとうございます。弊社では、読者の皆様からのお問い合わせに適切に対応させていただくため、以下のガイドラインへのご協力をお願い致しております。下記項目をお読みいただき、手順に従ってお問い合わせください。

●ご質問される前に

弊社Webサイトの「正誤表」をご参照ください。これまでに判明した正誤や追加情報を掲載しています。

正誤表　https://www.shoeisha.co.jp/book/errata/

●ご質問方法

弊社Webサイトの「書籍に関するお問い合わせ」をご利用ください。

書籍に関するお問い合わせ　https://www.shoeisha.co.jp/book/qa/

インターネットをご利用でない場合は、FAXまたは郵便にて、下記"翔泳社 愛読者サービスセンター"までお問い合わせください。
電話でのご質問は、お受けしておりません。

●回答について

回答は、ご質問いただいた手段によってご返事申し上げます。ご質問の内容によっては、回答に数日ないしはそれ以上の期間を要する場合があります。

●ご質問に際してのご注意

本書の対象を越えるもの、記述個所を特定されないもの、また読者固有の環境に起因するご質問等にはお答えできませんので、予めご了承ください。

●郵便物送付先およびFAX番号

送付先住所　　〒160-0006　東京都新宿区舟町5
FAX番号　　　03-5362-3818
宛先　　　　　（株）翔泳社 愛読者サービスセンター

第1章

ITILとは？

ITIL（アイティル）とは一体何なのでしょうか？
本章では、その起源や歴史とともに紐解いていきます。
また、最新バージョンの「ITIL 4」の書籍体系と
資格体系についてもご紹介します。

1.1　「ITIL」とは？

1　ITILを一言で言うと？

　ITILは「Information Technology Infrastructure Library」の略称ですが、それが一体何を意味するのかはわかりづらいですよね。一般的には「ITサービスマネジメントのベストプラクティスをフレームワークとしてまとめた書籍群」と言われますが、カタカナが多すぎて正直よくわからない、と思われる方も多いでしょう。

　ITILを一言で言うと、ずばり、「ちゃんと使えるITを提供するためのコツをまとめた本」です。

参考

ITILは本

意外と知られていないのですが、ITILは「本」なのです！詳細は後述の「ITIL 4 の書籍体系」をご参照下さい。

　それでは、「ITIL」の名称を1つ1つ紐解いてみましょう。

●Information Technology

　Information Technologyは「情報技術」、いわゆるITのことですが、ITILでは「ITサービス」のことを指します。技術だけでなく、人やプロセス（仕事の流れ）も含めてITの価値がきちんと出るようになることを目指す、総合的な「ITサービス」がITILのテーマです（図1-1）。

●Infrastructure

　Infrastructureは「基礎」のことです。ちゃんと価値の出るITサービスを実現するための基礎、キホンのキという意味です。

●Library

　Libraryは「本の集まり」のことです。ITILは複数の書籍で構成されているので、「書籍群」と表現します。

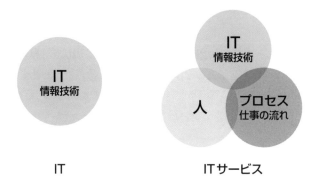

図1-1　ITとITサービスの違い

　つまり、ITILとは「情報技術（IT）の話だけではなく、人やプロセスも含めて考え、利用者がちゃんと使えて価値が出るようにするための基本的なことをまとめた本の集まり」と言えます。

　例えば、最新技術を使ったITシステムがあっても、使いにくかったり問い合わせの対応品質が低かったり、バグやエラーが発生して使えなくなったりするようでは「使いにくい」「価値がない」ということになります。せっかくITを活用するのですから、

　　・利用者のことを考えて設計・開発する
　　・提供方法（＝運用プロセス）も設計し、準備する
　　・作りっぱなしにせず改善し続ける

　ということを心がけて、長く利用者に価値のあるものを提供したいですよね。そのために必要な情報がまとまっている書籍群がITILです。

2 ITSMとは

　ITILの基本となる概念として「ITSM（IT Service Management：ITサービスマネジメント）」があります。文字通り、「ITサービス」の「マネジメント（管理）」についての考え方全般を指します。マネジメントと言うと難しく抽象的に感じられるかもしれませんが、簡単に言うと、

・まずは、常に同じレベルを実現すること

・それに甘んじず、改善し続けること

を目指して、仕組みやルールを作ったり、目標を設定したり、現状を「見える化」したり、コミュニケーションの取り方を工夫したりすることです。みなさんも仕事や日常生活で何かしらマネジメントを実践されていると思いますが、それと同じことです。

　つまりITSMとは、ITサービスについて

・いつでも誰が使っても、同じ価値を提供すること

・より良い価値を提供するために改善し続けること

を目指すマネジメントと言えます。

3　ITILの起源

　ITILはいつごろ生まれたものなのでしょうか。ITILは、1988年から1989年にかけて英国政府によりまとめられました。当時、ヨーロッパは経済不況によって混迷しており、英国も例外ではありませんでした。そこで当時の首相マーガレット・サッチャー氏（「鉄の女」の愛称で有名ですね）は、政治と経済の両面から改革のメスを入れます。英国政府のIT部門であるCCTA（Central Computer and Telecommunications Agency：中央電算電気通信局）も改革の対象となりました。

　改革に際して、CCTAは国内のIT企業やITコンサルティング企業、非IT企業のIT部門等、ITを活用して成果を上げている様々な企業や組織（ITサービスプロバイダ）にヒアリングを行いました。その内容を見比べると、ITサービスプロバイダの規模や業種、営利／非営利にかかわらず、共通した事柄が見えてきました。ITILは、その共通項をまとめたものです。

・ITを単なる技術ではなく、サービスとして捉えて顧客目線で考えること

・ITシステムを開発したら終わりではなく、価値が出続けるように管理すること

　CCTAおよび英国政府は、上記のような考え方を基本としてITILを取りまとめ、改革を開始します。具体的には、様々な成功事例を参考にして、「ITのコスト削減」という先細りの改革ではなく、IT投資に見合う価値を出し、「ITを活用してより良い未来を切り拓く」ための改革へと乗り出したのです。

このように、ITILは、世界中の様々な組織が実際に実践しているITSMの成功事例や失敗事例を集めて作られました。したがって、ITサービスの提供に携わっている方なら誰でも、ITILにまとめられている内容の一部を実践していることが多く、実際にITILの内容を見て「当たり前の内容が書かれているなぁ」という感想を持つことも多々あると思います。しかし、たとえ一部は実践できていたとしても、ITILに書かれている「全て」を実践できている人や組織はいないはずです。ITILを子細に読んでいくと、「あ、ここはできていないな」「自分はわかっているけれども、他のメンバー全員ができているかどうかは怪しいな」という箇所が必ずあることでしょう。そのような部分を発見し、現場で実施するための指南書として、ITILは役に立つのです。

4 ITILの歴史

1989年に初版のITILが発表された後も、「ITIL V2」「ITIL V3」「ITIL 2011 edition」というように、世界の最新の成功事例を組み込みながら、ITILは改版を重ねています（表1-1）。そして2019年から2020年にかけて、最新の「ITIL 4」シリーズがリリースされました。30年以上にわたり、改版を繰り返しながら世界中で読まれ、参照されてきたことが、まさしくITILの価値を証明していると言えるでしょう。

なお、ITILは英国政府がコンサルティング企業とともに設立したジョイントベンチャー企業であるAXELOS社が取りまとめています。また、AXELOS社は2021年にITIL資格試験を管理しているPeopleCert社の所属となっています。

年	ITIL バージョン	特徴
1989年	ITIL 初版	約40冊の書籍
2001年	ITIL V2	「サービスデリバリ」「サービスサポート」という2冊を中心に合計7冊で構成
2007年	ITIL V3	「サービスライフサイクル」の概念が導入され、その段階（戦略、設計、移行、運用、改善）ごとに1冊、合計5冊で構成。戦略レベルのマネジメントと、継続的な改善が強化された
2011年	ITIL 2011 edition	ITIL V3 のマイナー・バージョンアップ。全体の構成に変更はなく、合計5冊。ただし、補完書籍として「ITIL プラクティショナ・ガイダンス」が追加でリリースされた
2019年	ITIL 4	従来のITSMの範囲から大幅に拡大し、より広く、価値あるサービスを提供するためのフレームワークとして刷新された。その背景の一つに、DX（デジタル・トランスフォーメーション）への対応がある。6冊＋プラクティスガイドの構成

表1-1 ITILの歴史

1.2 ITIL 4登場の背景

　前述の通り、2019年から2020年にかけて最新の「ITIL 4」がリリースされました。では、ITILはなぜ今回バージョンアップしたのでしょうか？ その背景を理解することで、ITIL 4が重視しているポイントが見えてきます。

1 時代背景

●技術の進化

　技術の進化が激しい現代において、ビジネスの世界では常に最新技術を採用しながら進化し続けることが求められています。これまでは、重厚長大なITシステムを緻密に隅々まで設計して開発し、テスト工程を経たうえで数か月後から1年後、ものによっては2年や3年後にリリースするという進め方が一般的でした。

　しかし、変化が激しい今、このような進め方では、リリースされたころには当初の設計内容も使用している技術も既に古いものとなっていることが少なくありません。よって、「今使いたい」をいかに迅速に実現していくかを追求することが重視されるようになってきました。

●ユーザのITリテラシー向上

　スマートフォンやパソコンの普及率は年々増加しています。総務省「令和2年通信利用動向調査の結果」によると、令和2年（2020年）にはパソコンの保有率は70％以上、スマートフォンは85％以上に達し、国民全体のITリテラシーが向上してきました（図1-2）。さらに、学習指導要領の改訂に伴い、2020年度より小学校から高校まで「プログラミング教育」が順次必修化されることになり、今後デジタルネイティブな世代がどんどん増えていくことは明白です。

●DXの波

　これらの背景の中、ITをこれまで以上に活用して私達の生活をより豊かなものにしようという考え方が現実のものとして進んできています。これをDX（デジタル・トランスフォーメーション）と言います。DXは、企業内の業務効率を上げるといっ

MEMO

プログラミング教育

「プログラミング教育」とは、「プログラミング的思考」を育てる教育のことです。文部科学省によれば、プログラミング的思考は、特定のコーディングを学ぶことではなく、コンピュータの働きを理解しながら、それが自らの問題解決にどのように活用できるかをイメージし、意図する処理がどのようにすればコンピュータに伝えられるか、さらに、コンピュータを介してどのように現実世界に働きかけることができるのかを考えるための論理的思考力とされています。詳しくは以下の「小学校段階におけるプログラミング教育の在り方について（議論の取りまとめ）」をご参照下さい。

https://www.mext.go.jp/b_menu/shingi/chousa/shotou/122/attach/1372525.htm

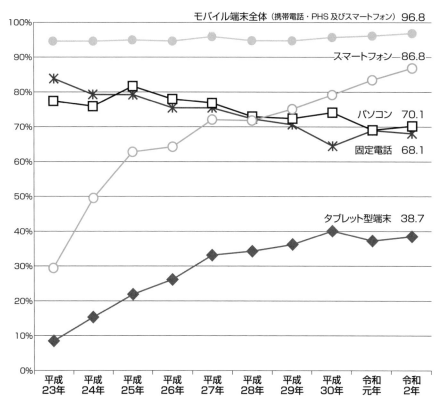

※当該比率は、各年の世帯全体における各情報通信機器の保有割合を示す（複数回答）。
出典：総務省「令和2年通信利用動向調査の結果」を加工して作成
https://www.soumu.go.jp/johotsusintokei/statistics/data/210618_1.pdf

図1-2　主な情報通信機器の保有状況（世帯）

たいわゆる「デジタイゼーション」（アナログからデジタルへの変革）ではなく、働き方や業務プロセスや利用者の生活も変革するものです。

　DXの進展により、業界への参入障壁が下がり、これまで想定していなかった競合が生まれ、業界の再編が急速に進んでいます。経済産業省も2018年に「DXレポート」「DX推進ガイドライン」を、2020年12月には「DXレポート2」を発表し、国を挙げてDXを推奨しています。

Column

身の回りのDX

旅行代理店の実店舗への来店者数は激減しています。なぜなら、スマートフォンやパソコンから、簡単に旅行の検索や予約ができてしまうからです。しかも、他社のサービスと比較してよりお得なサービスを選択することができるので、特定の旅行代理店の実店舗に行くよりも便利で有益です。今や、旅行代理店の競合は同業他社ではなく、オンラインの旅行比較サイトとなっています。他にも、タクシーや配達、経理・総務業務のクラウド化等、身の回りでDXはどんどん加速してきています。

MEMO

DXレポート

DXレポートでは、企業におけるITシステムに関連する将来的な課題と対策方法についてまとめられており、「2025年の崖」がキーワードとして挙げられています。詳細は以下をご参照下さい。

https://www.meti.go.jp/press/2018/09/20180907010/20180907010-3.pdf

---

2　求められる「DX対応」

　このような時代背景の変化に基づき、ITILを取りまとめるAXELOS社は、そろそろITIL改版の時期だと判断します。そして改版の方向性を探るべく、世界各地に調査団を派遣してITILを活用している専門家にインタビューを行いました。専門家とは、ITILを実際に使用している企業の情報システム部やIT企業、また、ITILを使ってコンサルティングを行っている企業や、ITILの人材育成を行っている教育会社等の社員などです。それぞれの立場で、顧客により良い価値を提供するために、そして今後の世界をより良くするために、次のITILにどのような内容を含めてほしいか要望が出され、また、これまでのITILの改善点についても議論が交わされました。

　それらの意見の中で一番大きかったのが、やはり「DX対応」でした。これからの時代にDX化は必須ですが、いきなり明日からDXに切り替わるわけではありません。

企業は自分達のできる範囲で既存のシステムや仕事の仕方も維持しながら、DX化できる部分やすべき部分はDXを進めていくという並行稼働が必要となるでしょう。

この「バイモーダルIT」（ITの2つのモードをうまく使いこなす）の状況も踏まえて、私達は何をしていけば顧客により良い価値を提供でき、顧客とともに持続可能な未来を作れるかについての成功事例やフレームワークが、新ITILに対する世界中の期待だったのです。

こうして、ITIL 4は、これまでのITSMの成功事例にDXを実践している先行企業や先行組織の成功事例を加え、その全容を刷新してリリースされました。

MEMO

バイモーダルIT

「バイモーダルIT」は、調査会社のガートナー社が2015年に提唱した考え方です。情報を記録し、活用するためのシステムであり、堅牢性が求められるSoR（System of Record）向けの「モード1」と、エンゲージメント（つながり）を活性化させるためのシステムであり、柔軟性や俊敏性が求められるSoE（System of Engagement）向けの「モード2」の2つのモードをうまく使い分けることを指します。

MEMO

ISO（世界標準）の元になっているITIL

スイスに本部を置く国際機関に「ISO」があります。ISOとは「International Organization for Standardization（国際標準化機構）」のことで、国際間のスムーズな取引を促進するために、様々な規格を定めています。これが「ISO規格」と呼ばれるもので、ISOがまとめた「世界共通の取り決め」のことを表します。例えば、ISO9001は、品質マネジメントシステムの規格であり、多くの企業が自社の商品やサービスの品質管理の維持向上とその証明のために、このISO9001の認証を取得しています。

ITSMについてのISO規格は「ISO/IEC 20000」と言うのですが、実はこの規格はITILをもとに作成されています。つまり、世界のITSMに関するルールの元となるのがITILなのです。ISO/IEC 20000とITILは、相互に参照し合いながら進化を続けています。

1.3 ITIL 4の書籍体系

　1.1でも触れた通り、意外と知られていないのが、「ITILは書籍（つまり本）である」ということです。しかも、分量が多いため、1冊ではなく複数冊に分けて出版されています。

　特に今回は、電子媒体でのみ提供される資料もあり、これまでのITILの構成からかなり大幅な変更があります。本節では、その構成についてご紹介します。

1 6冊の書籍とプラクティス・ガイド

　ITIL 4の書籍体系は、6冊の書籍と「プラクティス・ガイド」と言われる34冊のプラクティス集から構成されます。

　6冊の書籍は、紙媒体（印刷した書籍）または電子媒体が用意されていますが、「プラクティス・ガイド」は、電子媒体のみの提供となっています（図1-3）。

　それでは、1つ1つの書籍について簡単に紹介していきましょう。

●ファンデーション

　「ファンデーション」は、ITIL 4 の基本となる考え方やキーワードについてまとめたものです。また、後述するCDSを始めとしたその他書籍や、マネジメント・プラクティスを読むにあたっての基本がまとめられていますので、もしITILの原本を読

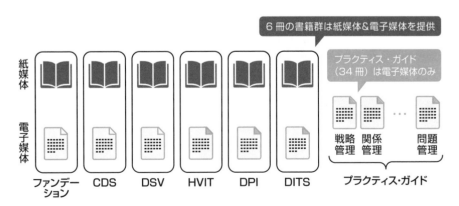

図1-3　ITILを構成する書籍群

むならば、最初にファンデーションを読むことをおすすめします。ファンデーション
の詳細は第2章をご参照下さい。

●CDS

　「CDS」（Create, Deliver and Support）は、価値あるサービスを創り、提供
し、サポートするために重要なことをまとめたものです。具体的には、顧客志向や
サービスバリュー・チェーンを基にしたバリューストリームの活用、インソース／ア
ウトソース、チームカルチャの形成と組織変更の管理などについて書かれています。
CDSの詳細は第3章をご参照下さい。

●DSV

　「DSV」（Drive Stakeholder Value）は、サービスに関わる利害関係者にとって
の価値をドライブ（牽引）するために重要なことがまとめられています。具体的には、
利害関係者とは誰なのか、カスタマ・ジャーニーを活用した利害関係者との関係構築
などについて書かれています。DSVの詳細は第4章をご参照下さい。

●HVIT

　「HVIT」（High Velocity IT）は、ITを活用して速い速度で進化する組織となる
ために重要なことをまとめたものです。特にDXにまつわる組織の在り方や求めら
れるカルチャ等について触れられています。HVITの詳細は第5章をご参照下さい。

●DPI

　「DPI」（Direct, Plan and Improve）は、組織の方向付けを行い、その方向に向
かって計画して改善を続けるために重要なことがまとめられています。具体的には、
GRC（ガバナンス、リスク、コンプライアンス）を通しての戦略の管理、計画と測
定と報告などについて書かれています。DPIの詳細は第6章をご参照下さい。

●DITS

　「DITS」（Digital and IT Strategy）は、デジタル戦略とIT戦略を立て、実現し
ていくために重要なことがまとめられています。具体的には、DXの概要やDXを支
える3つの戦略、デジタル戦略の立て方とその実装方法などについて書かれています。
DITSの詳細は第7章をご参照下さい。

●プラクティス・ガイド

「プラクティス・ガイド」(The Practice Guides) は、サービスの価値を引き出すためのマネジメントについての成功事例（＝マネジメント・プラクティス）がまとめられています。34のプラクティスがプラクティスごとに1ファイルでまとまっており、合計34ファイルから構成されています。プラクティス・ガイドの詳細は第8章をご参照下さい。

2　ITIL 4 書籍と試験の購入について

2022年2月より、書籍および試験の購入についての方針が次のように変更となる旨、PeopleCert社より発表されました。

●試験と書籍のオンライン化＆電子化

- ・試験は基本的にオンライン受験のみ（ファンデーション試験については、プロメトリック社とピアソンビュー社のサービスを残す）
- ・書籍は基本的にeBook（電子書籍）のみ（紙を希望する場合は研修企業経由で購入が可能だが、該当研修とeBookもセットで注文が必要）

●試験と書籍をセットで販売する

- ・試験を申し込むと、対象のeBook（電子書籍）が付属で提供される
- ・書籍を購入したい場合は、試験を申し込む必要がある

なお、これらの方針や試験価格は変更になる可能性があります。最新情報はPeopleCert社の下記Webサイトをご確認ください。

https://peoplecert.jp/exam_ebook.html

MEMO

PeopleCert社とは

PeopleCert社は、ITILの試験を取り扱う試験会社です。2021年にはITILのコンテンツを取りまとめるAXELOS社を買収することにより、そのナレッジと書籍の権利も保有しました。今後、ITILのナレッジの世界的な調査・分析、書籍の更新、試験への展開、および研修企業との網羅的かつ総合的な連携により、ITILコンテンツの更新と世界的な展開および人材育成が加速することが期待されます。

1.4 ITIL 4の資格体系

　ITILは書籍群なのですが、その内容を理解できていることを対外的に証明するための「資格」も用意されています。単純に知識があることを証明するだけではなく、内容を理解して人に説明したり応用したりできるかどうかなど、その理解度に応じた資格が用意されています。資格を保有することにより、次のようなメリットがあります。

個人：**自身の知識や理解度を証明できる**
　　　➡就職や社内での昇進に有利

企業：**資格保有者数により、自社のサービスマネジメントについての理解と実践**
　　　力（つまり、品質の高いサービスを提供できるということ）を証明できる
　　　➡提案や入札の際の他社差別化になる、従業員のキャリアアップのマイルストーンの一つとして提供できる

　ここからは、資格体系の全体像と、各レベルで証明される（＝資格取得のために求められる）知識や理解と人物像について紹介していきます。また、解説の後半では、旧バージョン（ITIL V3またはITIL 2011 edition）の資格からITIL 4資格への移行についても紹介しています。

1 全体像：4段階のレベル分け

　ITIL 4 の資格体系は大きく4つのレベルから構成されています。各レベルの名称は正式には存在しないのですが、本書では便宜上、次のように表現します。

- ・基礎レベル：ITIL 4の基礎的な知識を理解している（資格：1種類）
- ・中級レベル：基礎を元に対象範囲について理解している（資格：5種類）
- ・上級レベル：複数の中級レベルを総合的に理解している（資格：2種類）
- ・最高レベル：全範囲について理解し、実践経験もある（資格：1種類）

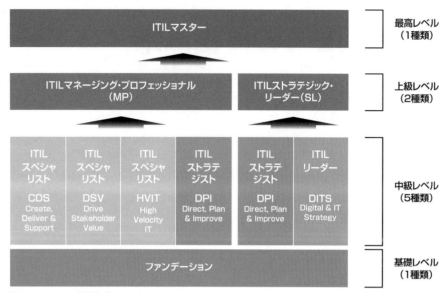

図1-4　ITIL 4の資格体系イメージ

　特に基礎レベルと中級レベルについては、書籍名と試験・資格の名称が１対１で結び付けられているため、非常にわかりやすい構成となっています（図1-4）。

2　各レベルについての詳細

●基礎レベル

　ITIL 4 の基礎的な知識を理解していることを証明する資格です。「ファンデーション」書籍が試験対象であり、試験に合格すると、「ITILファンデーション」の資格を取得することができます。また、受験資格は特になく、誰でも受験することができます（中級レベル以上の資格取得には、認定研修の受講が必須です）。

●中級レベル

　より実践的な知識を持っていることを証明する資格です。５冊の書籍に対応する形で、５つの資格が用意されています。対象となる認定研修を受講し、試験に合格すると、それぞれの資格を取得することができます。例えば、CDSという認定資格を取得するには、正式に認定された「CDS研修」を受講し、「CDS試験」を受験して合格する必要があります。

　「認定研修」とは、試験範囲を網羅していると認定されたテキストと、適切な知識とスキルを備えていると認定された講師により提供される研修です。試験会社であるPeopleCert社が認定を行います。

　なお、中級レベルを受験するためは、「ITIL 4 ファンデーション」資格を取得していることが前提です。

●上級レベル

　対象となる複数の中級資格を取得すると、上級レベルの資格を取得することができます。上級レベルの資格はマネージング・プロフェッショナル（MP）とストラテジック・リーダー（SL）の2種類です。

マネージング・プロフェッショナル（MP）

　マネージング・プロフェッショナル（MP）は、ITサービスの価値を最大化し続けるためのマネジメントの知識を有し、実践できることを証明する資格です。ファンデーションを合格した後、CDS、DSV、HVIT、DPIの全ての試験に合格すると（つまり5つの資格を取得すると）、MP資格を取得することができます。

　なお、次項で紹介するSL資格を既に取得している場合は、ファンデーション資格とDPI資格を既に取得済みということになりますので、残りのCDS、DSV、HVITの3つを合格すれば、MP資格も取得できます。

　また、ITIL V3またはITIL 2011 editionの中級資格取得者は、MP資格へ移行するための研修と試験も用意されています。詳細は後述する「マネージング・プロフェッショナル移行（MP移行）」をご参照下さい。

MEMO

ITIL V3/2011のエキスパート資格との違い
ITIL V3またはITIL 2011 editionの中級レベルに該当する「ITIL エキスパート」資格を取得するには、ファンデーションを合格し、インターミディエイト試験全て（例えば、OSA、RCV、PPO、SOAの4つ）を合格したうえで、MALCという総合試験に合格しなければいけませんでした。ITIL 4 では最後の総合試験がありませんので、1回ぶん容易になったとも言えます。

ストラテジック・リーダー（SL）

　デジタル戦略とIT戦略を立案し実現するにあたり、組織をリードするための知識を有し実践できることを証明する資格です。ファンデーションを合格した後、DPIとDITS両方の試験に合格すると（つまり3つの資格を取得すると）、SL資格を取得することができます。

なお、前項のMP資格を既に取得している場合は、ファンデーション資格とDPI資格を既に取得済みですので、残りのDITSを合格すれば、SL資格も取得できます。

●最高レベル

ITIL 4の最高レベルの資格が「ITIL 4 マスター」です。名前の通り、ITIL 4についての総合的な知識と実践力を有していること、さらにそれらを活用して現場実践した経験を有することを証明する資格です。MPとSLの両資格を取得していることが前提条件です（2022年1月現在、詳しい取得条件は公開されていません）。

3 マネージング・プロフェッショナル移行（MP移行）

ITIL 4 の前のバージョンであるITIL V3またはITIL 2011 editionで「上級レベル」相当の資格を取得している場合には、移行のための差分研修と差分試験が用意されています（基礎レベル、中級レベル、最高レベルは、残念ながら差分研修や試験は用意されていません）。

具体的には、「ITIL V3またはITIL 2011 editionで、17クレジット（単位）以上保有していること」という条件に当てはまる場合、「MP移行」の認定研修を受講し、同名の試験を合格すると、「マネージング・プロフェッショナル（MP）」を取得することができます（SLへの移行はありません）。

実は、ITIL V3および2011 editionでは「ITIL クレジット」と呼ばれる、ITIL資格内でのみ有効な単位が資格ごとに設定されています。図1-5の丸の中の数字がその値です。例えば、ファンデーション資格には2クレジットが適用されます。一般的な17クレジットになる組み合わせは次の通りです。

・エキスパート（ファンデーション＋OSA＋RCV＋PPO＋SOA＋MALC）
　＝【23クレジット】
・ファンデーション＋OSA＋RCV＋PPO＋SOA
　＝【18クレジット】
・ファンデーション＋プラクティショナ＋OSAとRCVとPPOとSOAの内3つ
　＝【17クレジット】
・ファンデーション＋SO＋ST＋SD＋SS＋CSI
　＝【17クレジット】
・ファンデーション＋プラクティショナ＋SOとSTとSDとSSとCSIの内4つ
　＝【17クレジット】

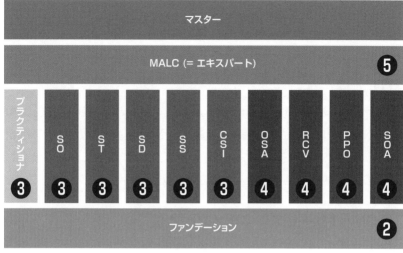

図1-5　ITILクレジット

4 ITIL 2011試験の終了

　現時点（2022年1月現在）では、ファンデーションを含め、前バージョン（ITIL 2011 edition）の試験の終了時期についての公式な発表はなされていませんが、基本的には終了日の6か月前には発表がなされる方針となっています。

　少なくとも、インターミディエイト資格（OSA、RCV、PPO、SOA）とMALCは、ITIL 4で同等の内容とされているMP資格を支える4資格（CDS、DSV、HVIT、DPI）の日本語版が全てリリースされるまでは提供されるだろうと見込まれています。

5 ITIL 2011インターミディエイト試験の前提更新

　これまで、ITIL 2011 editionのインターミディエイト試験（OSA、RCV、PPO、SOA）を受験するための前提条件は、「ITIL V3またはITIL 2011 editionのファンデーション資格」の保有でした。しかし、ITIL 4 ファンデーション試験がリリースされた後、中級資格のリリース完了に期間がかかったため、「最新のITIL 4も勉強したいが、中級以上の実践的な内容を勉強して資格も取りたい」という人のために、「ITIL 4 ファンデーション資格」もインターミディエイト受験の前提に追加されています。

この章のまとめ

☐ ITILとは

Information Technology Infrastructure Libraryの略。ITSMの成功事例をフレームワークにまとめた書籍群。簡単に言うと、「情報技術（IT）の話だけではなく、人やプロセスも含めて考え、利用者がちゃんと使えて価値が出るようにするための基本的なことをまとめた本の集まり」。

☐ ITSM（ITサービスマネジメント）とは

ITサービスについて、以下を目指して管理すること。

・いつでも誰が使っても、同じ価値を提供すること

・より良い価値を提供するために改善し続けること

☐ ITILの起源と歴史

英国政府により1989年に初版がリリースされ、それ以降30年以上にわたり改版を続けながら世界中で参考にされている。

☐ ITIL 4 の登場

2019年から2020年にかけてリリースされた。DX（デジタル・トランスフォーメーション）に対応するための内容も追加されている。

☐ ITIL 4 書籍体系

6冊の書籍とプラクティス・ガイドという34ファイルで構成されている。

☐ ITIL 4 資格体系

4つのレベルから成る。基礎レベルと中級レベルは、書籍と試験と資格の名称が1対1で結び付けられている。上級レベルは「MP」と「SL」の2つで、ファンデーション合格後、必要な中級レベルの試験を全て合格すると取得することができる。

第2章

ITIL 4の世界観
－ITIL 4を理解するための基本とITILの全体像－

基礎
Foundation

ITIL 4 が目指すものは、利害関係者が価値を共創していく持続可能な社会です。それを実現するには、「サービス」の本質を理解することが肝となります。本章では、世界の最新の成功事例を元にまとめられた ITIL 4 の全体像を紹介します。

ITIL スペシャリスト	ITIL スペシャリスト	ITIL スペシャリスト	ITIL ストラテジスト	ITIL リーダー
CDS Create, Deliver & Support	**DSV** Drive Stakeholder Value	**HVIT** High Velocity IT	**DPI** Direct, Plan & Improve	**DITS** Digital & IT Strategy

ファンデーション

この章の解説範囲

2.1 「サービス」とは?

　ITILは「ITサービスマネジメントのベストプラクティスをフレームワークとしてまとめた書籍群」だと第1章で説明しましたが、そもそも「サービス」とは何なのでしょう。そこを理解できていなければITILは理解できません。そこで、まずは「サービス」の定義を、スーパーマーケットのサービスを例に紐解いていきましょう。

1 顧客

KeyWord

サービス

顧客が特定のコストやリスクを管理することなく、望んでいる成果を得られるようにすることで、価値の共創を可能にする手段。

出典「ITIL 4 ファンデーション」

　まず認識しなければいけないのは「顧客」です。「顧客」とはサービスの購入者（サービスの対価を支払う人）であり、サービスの利用者のことを指します。例えば、私達が普段利用しているスーパーマーケットの来店客は、そのお店の顧客ということになります。

　ちなみに、ITIL 4 ではサービスの利用者を「ユーザ」「顧客」「スポンサ」の3種類に分けていますが、この「サービス」の定義の中で使用されている「顧客」という言葉は、そこまで厳密に分けているわけではありません。

KeyWord

ユーザ、顧客、スポンサの役割の違い

ユーザ　　：サービスを利用する役割。
顧客　　　：サービスの要件を定義し、サービスを消費した成果に対して責任を負う役割。
スポンサ：サービス消費の予算を承認する役割。

出典「ITIL 4 ファンデーション」

2 コストとリスク

KeyWord

コストとリスク

コスト：特定の活動またはリソースに費やされた金銭の額。

リスク：損害や損失を引き起こす、または達成目標の実現をより困難にする可能性があるイベント。成果の不確実性と定義することもできる。

出典「ITIL 4 ファンデーション」

　サービスを理解するうえで考慮しなければならない点に「コスト」と「リスク」があります。例えば、なぜ私達はスーパーマーケットを利用するのでしょうか。それは、スーパーで売られている様々な商材を自力で調達しようとすると、とんでもない時間やお金（＝コスト）がかかるからです。複数の仕入れ先から最新でお得な商品を、個人が毎日仕入れることは現実的に不可能でしょう。

　また、専門家ではないので、一定の品質の商品を毎回目利きして仕入れることも難しいはずです。鮮度が保たれていない魚介や野菜を間違って仕入れてしまう危険性（＝リスク）も発生しそうですよね。

　つまり、サービスに対価を支払って利用する顧客は、このようなコストやリスクを自ら管理しない代わりに、対価を支払って、サービスを購入していると言えます。

3 望んでいる成果

KeyWord

成果

1つまたは複数のアウトプットによって可能になる利害関係者にとっての結果。

出典「ITIL 4 ファンデーション」

もう１つ押さえておくべき言葉が「成果」です。「成果」とは、簡単に言えば顧客が成し遂げたいこと、得たいことです。サービスを利用する人は、何らかの「成果」を求めています。私達がスーパーへ買い物に行くのは、例えば、夕飯の食事の材料を買うためだったりしますよね。つまり、この場合の「顧客が望んでいる成果」は、「美味しい夕飯を作ること」となります。

4　価値の共創

　ITIL 4における重要な概念に「価値の共創」があります。
　サービスを提供する側（サービス・プロバイダ）と顧客（さらには利害関係者）が「一緒に」「互いにとって」価値となることを創造していくのがサービスだという定義です。

　以上より、サービスとは、顧客が成し遂げたいことに集中できるように、コストやリスクを含めマルッと管理して提供することであり、その価値は顧客と一緒に創り上げていくものと言えます。
　特に、顧客と一緒に創り上げていく「価値の共創」という考え方は非常に重要です。次節では、この「価値の共創」についてより詳しく説明します。

MEMO

ITIL V3/2011からの変更点
これまでの「サービス」の定義は、「価値を提供する手段」とされてきましたが、ITIL 4で「価値の共創を可能にする手段」へと進化しました。顧客からのフィードバックを受けて改善を繰り返しながら、価値を共創していくことの重要性が強調されています。これは、サービス・ドミナント・ロジックを反映したものと言えます。なお、サービス・ドミナント・ロジックについてはP.41をご参照下さい。

2.2 価値の共創

前述の通り、ITIL 4では「サービス」の定義が進化しています。その中で最も顕著なのが「価値の共創」という表現です。価値を一緒に創っていくためには、「価値」の特徴を知るところから始めることが重要です。

1 価値は顧客が決める

前節で紹介したように、ITIL 4において価値は「認識されている便益、便利さおよび何らかの重要性」と定義されています。これは一見すると当たり前過ぎる定義に見えますが、非常に重要なポイントがあります。それは「認識されている」という部分です。

つまり、顧客が「これは自分にとってメリット（便益）がある！」とか「これは便利だ！」と認識（意識）して、初めて「価値」となるという定義です。ということは、サービスを提供する側（サービス・プロバイダ）がいくら「顧客にとって価値があるだろう」と思って提供していたとしても、顧客が価値だと認識しなければ意味がないということになります。つまり、顧客が価値だと認識しているかどうか確認することが重要だということです。

2 価値は時間とともに変化する

もう1つ忘れてはならないのは、「価値」は、時間とともに変化するということです。具体的には、「顧客の経験を通して」と「状況の変化」という2つの要因により変化していきます。

●顧客の経験を通して（内的要因に起因）

例えば、あなたの近所のスーパーマーケットが大々的にリニューアルしたとします。店内は以前より広くきれいになり、商品も見やすくなりました。また、新たに「ポイントカード」が導入され、レジでスキャンすると購入金額に応じたポイントが付いたり、専用アプリをインストールすれば、お得な割引キャンペーンやおすすめ商品を案内したりしてくれるようになりました。あなたはリニューアルしたスーパーに初めて

訪れたり、スーパーのポイントカードを新たに利用し始めたりしたら、その改善された便利さに感動することでしょう。

しかし、その次の訪問はどうでしょうか。一度経験するとそれが当たり前となり、2度目の利用時の感動は薄れてしまうでしょう。

●状況の変化（外的要因に起因）

状況の変化も「価値」を変化させます。例えば近所に新たに別のスーパーマーケットができ、そこを併用し始めたら、新たなスーパーマーケットと比較して価値を評価・認識するようになるはずです。

また、ポイントカードの便利さに目覚め、「〇〇PAY」のような、ポイントが貯まる汎用的な決済アプリを使い始めるようになったら、そもそも一種類のスーパーでしか利用できないポイントカードは利用しなくなるかもしれません。

このように、「価値」は顧客の経験や状況の変化によって変わっていくのです。

3　双方向のコミュニケーションが肝

上述のように、価値は顧客が決め、価値は時間とともにどんどん変化し続けるので、サービス・プロバイダは常に顧客からのフィードバックを受けて、「顧客は本当に今何を求めているのか」「何に価値を見出すのか」を常に確認する必要があります。それにより、より価値の高いサービスを生み出すことができるからです。

価値の追求には終わりがありません。なぜなら、（繰り返しになりますが）「価値」は時間とともに変化し続けるからです。

4　エコシステムを形成する

価値の高いサービスを追求するために大切となるのは、一過性の価値（短期視野で顧客が得をすること）を目指すのではなく、中長期で見て価値が出るように考えることです。

そのためには、利害関係者が持続可能な仕組み（エコシステム、生態系）を構築することが必要です。契約や合意内容も、互いの成長と成功を目的とした建設的なものにするべきです。なぜなら、サービス・プロバイダに不利な状況が続けば、無理がたたってしまい、サービス（場合によってはサービス・プロバイダそのもの）が継続できなくなるからです。そうなると、顧客はそのサービスを使えなくなるので、価値を得られなくなり、本末転倒となってしまいます。

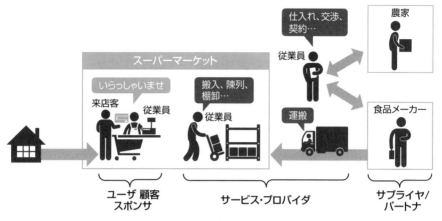

サービスに関わる利害関係者が持続可能な関係や仕組みを作ることが大切

図2-1　スーパーマーケットのサービス

　これは、顧客とサービス・プロバイダの関係だけでなく、サービス・プロバイダに製品やサービスを提供するサプライヤや、サービス・プロバイダのパートナも含め、顧客へ提供するサービスに関わるあらゆる利害関係者間で言えることです。サービスに関わる利害関係者が持続可能な関係や仕組みを作ることを忘れてはいけません。

　例えば、スーパーマーケットにおけるサービスの仕組みを図示すると図2-1のようになります。これら、サービスに関わる利害関係者全てが持続可能な関係や仕組みを構築することが大切になるのです。

5　「お客様は神様」ではない

　「お客様は神様」などとよく言われますが、これまでの説明を踏まえればわかるように、顧客だからサービス・プロバイダより偉いわけではありません。お互いが同等のパートナなのです。

　むしろ、同等のパートナとなるよう互いをリスペクト（尊敬）し、リスペクトできるように精進努力し、双方向のコミュニケーションを取ることが大切です。それにより、お互いが成功できるような関係を構築することができるためです。

　顧客の側は、顧客であることに慢心して一方的に無理難題を強いてはいけません。一方、サービス・プロバイダ側も自身を卑下せず、顧客が目指す成果達成のために、自分達はどのような協力ができるかを考え、それを通して自分達の目指す成果を達成できるように行動していくことで、前述のエコシステムを形成することができます。

つまり、サービス・プロバイダと顧客が「同志」や「パートナ」と言える関係になることが、両者が成功するための鍵と言えます。

ここでは、「スーパーマーケット」というBtoC（一般消費者向けビジネス）のサービスにおける例で紹介してきましたが、BtoB（企業間取引）のサービスや企業内の情報システム部門と事業部門との関係でも、同様のことが言えます。

例えば、大手のスーパーマーケットチェーンであれば、販売管理、在庫管理、仕入管理などにITサービスを利用し、各店舗のあらゆる情報を本社で集約していることでしょう。この場合、スーパーマーケットの情報システム部門がそのITサービスのサービス・プロバイダであり、営業部門や管理部門等の社内の顧客の求める要件に合わせて設計、開発して提供しています。またその際には、社外のIT企業の力を借りることもあることでしょう（サプライヤ／パートナ）。この場合のITサービスの利用者（ユーザ）は、社内のレジ担当者や営業担当者と、来店されるお客様となります（図2-2）。

いずれにせよ、同じ1つの目標に向かって、利害関係者が腹を割って話し合うことが価値共創の秘訣です。

顧客は、今後の事業戦略や現状の課題、何をしたいのか、何を求めているのかをサービス・プロバイダに伝え、サービス・プロバイダはそれを受けて何ができるのか、何ができないのか、どのようなリスクがあるのか、どれくらいのリソース（ヒト・モノ・カネ）が必要となるのかを説明します。また、実際に作ったサービスを（例えばまずは一部だけでも）ユーザに使ってもらってフィードバック（感想や意見や追加の要望等）を受け、さらに価値が出るように改善していくのです。

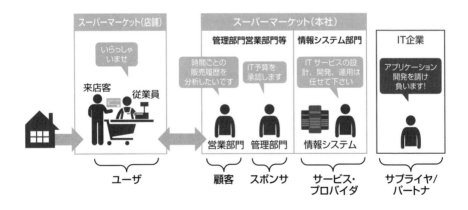

図2-2　スーパーマーケットの業務を支えるITサービスとその利害関係者

2.3 SVS(サービスバリュー・システム)

ITIL 4で新しく出てきた概念に、「SVS（サービスバリュー・システム)」があります。

これは、ITIL 4の様々な要素を内包し、ITIL 4 の世界を表現している最も重要な考え方を表したものと言えます。まずはその概要について紹介します。

1 SVSとは

ITIL 4の世界観の主要な部分がこのSVSと言えます。名前の通り、サービスの価値（バリュー）を生み出すための仕組み（システム）です。

KeyWord

SVS(サービスバリュー・システム)

価値創造を促進するために、組織の全てのコンポーネントと活動がどのように連携して機能するかを表すモデル。

出典「ITIL 4 ファンデーション」

MEMO

バリュー・システム（価値システム）
米国の経営学者マイケル・ポーター(Michael Porter)氏が、その著書『競争優位の戦略』の中で用いた言葉です。バリュー・チェーンを含む、自分達が関わる大きな活動群全体を指す言葉として使用しています。

2 SVSの構成要素

ITIL 4 では「バリュー・システム」の考え方をサービスに適用し、次の5つの要素で構成されるSVSとしてまとめています。

・SVC（サービスバリュー・チェーン）
・マネジメント・プラクティス（管理プラクティス）

・ガバナンス

・従うべき原則

・継続的改善

　本書では、ITILのもう１つの基本的な要素である「顧客志向」を加え、計６つの要素でSVSが構成されるものとして考えます（図2-3）。

　では、次節でSVSを構成するこれら６つの要素について詳述していきます。

図2-3　SVS（サービスバリュー・システム）

2.4 SVSの構成要素

ここからは、SVSを構成する1つ1つの要素について解説していきます。

1 顧客志向

「顧客志向」とは、どうすれば顧客にとってより良い価値を提供できるのかを追求するマーケティングの考え方であり、サービスの基本です。

顧客にとって何が価値なのかは顧客しかわからないので、顧客に尋ねるしかありません。顧客からのフィードバックを受けて、軌道修正し改善を重ねることで、より良い価値を提供し続けることが可能となります。この考え方の元となっているのが「サービス・ドミナント・ロジック（S-D Logic）」です。

MEMO

サービス・ドミナント・ロジック（S-D Logic）

「S-D Logic」とは、スティーブン・L・バーゴ（Stephen L. Vargo）とロバート・F・ラッシュ（Robert F. Lusch）が、2004年に『Journal of Marketing』に掲載した論文「Evolving to a New Dominant Logic for Marketing（マーケティングの新しい支配的論理に向けて）」で発表したマーケティングの考え方です。

それまでのマーケティングでは、企業が商品（goods、モノ）の価値を作り込んで価格を決め、顧客はその対価を支払い、商品を獲得する瞬間に価値が発生する「交換価値」という考え方が主流でした。世の中を「モノ」と「モノ以外の何か」とに分け、サービスも「モノ以外の何か」として捉えられていたのです。

彼らはこの考え方を「グッズ・ドミナント・ロジック（G-D Logic）」と呼び、それに対比する考え方として「S-D Logic」を提唱しました。S-D Logicでは、「全ての経済活動はサービス活動である」とし、商品（モノ）も「サービスの一部」と捉えます。そして商品やサービスを顧客が使用して初めて価値が生まれる「使用価値」という考え方を提唱しました。売った瞬間に価値が発生するのではなく、使用して初めて価値が発生するのであれば、使った感想をフィードバックしてもらい、さらなる改善を施すという双方向のコミュニケーションを通して、より高い価値を生み出していくことができます。それがサービスという経済活動の基本と言える、とS-D Logicは唱えているのです。

---

2 SVC（サービスバリュー・チェーン）

SVC（サービスバリュー・チェーン）は、サービスの価値（バリュー）を生み出す主な活動をまとめたものです。

MEMO

バリュー・チェーン（価値連鎖）
バリュー・システム同様、米国のマイケル・ポーター氏が、その著書『競争優位の戦略』の中で用いた言葉です。購買や製造等の主活動とそれを支える経理等の支援活動に分類されています。企業活動の各活動を通して価値（バリュー）が付加されていくという考え方を指します。

ITIL 4 では「バリュー・チェーン」の考え方をサービスに適用し、「サービスバリュー・チェーン」の活動として次の6つの活動にまとめました。

●計画

ポートフォリオの決定、アーキテクチャや方針の設定、改善計画の作成など、計画を立ててビジョンや目的、目標について、組織全体で理解を共有する活動。

●改善

収集した測定データや顧客の声等を元に、製品やサービス、活動、組織等について継続的に改善する活動。

●エンゲージ

利害関係者の声に耳を傾け、情報を共有し、双方向のコミュニケーションを取って理解し合い、全ての利害関係者と良好な関係を維持する活動。

●設計および移行

計画や要件等を元に仕様や契約内容を決める設計活動と、構築したり外部から購入

したりした製品やサービスを、適切な品質とコストと納期で市場投入する活動（一度きりではなく、サービス提供の間、改善が続く限りこの活動は何度も発生する）。

●取得／構築

外部のパートナやサプライヤから製品やサービスを取得する活動（アウトソーシング）と、内部で自分達が構築する活動（インソーシング）。内部か外部かに関わらず、製品やサービスが合意された「設計」で決めた仕様を満たし、必要なときに必要な場所で利用できるように、「移行」活動を通して提供されることを目指す。

●提供およびサポート

製品およびサービスを、合意された仕様通りに提供し、質問に応答したり、インシデントを解決したり、運用状況や顧客満足度を集計して改善につなげる活動。

サービスを創るときや提供するときなど、サービスに関わる様々なタイミングで、これらの活動のいくつかが適切に鎖（チェーン）のように組み合わさります。この6つの活動はあくまで概要レベルのものです。このサービスバリュー・チェーンをベースに、活動やタスクに落とし込み、バリューストリームを形成します。

例えば、サービスを提供する際に必ず必要となるのが、ユーザからの問い合わせ対応です。その活動は基本的に「提供およびサポート」と「エンゲージ」から成り立っていますが、より良いサービスを提供するためには「改善」活動も含まれるでしょう。詳しくは第3章をご参照下さい。

3　マネジメント・プラクティス（管理プラクティス）

マネジメント（管理）とは、「改善し続けること」です。サービスを改善し、顧客により良い価値を提供し続けるための世界中の事例（プラクティス）を、ITILは過去30年以上の歴史の中で集めてきました。ITIL 4では「マネジメント・プラクティス」としてまとめ、その起源を元に次の3つのカテゴリに分類しています（詳細は第8章もご参照下さい）。

・一般的マネジメント・プラクティス（起源：一般的な事業マネジメント分野）
・サービスマネジメント・プラクティス（起源：サービスマネジメント分野とITSM分野）
・技術的マネジメント・プラクティス（起源：技術分野）

なお、各カテゴリに分類されるマネジメント・プラクティスは表2-1の通りです。

一般的マネジメント・プラクティス	サービスマネジメント・プラクティス	技術的マネジメント・プラクティス
・アーキテクチャ管理 ・継続的改善 ・情報セキュリティ管理 ・ナレッジ管理 ・測定および報告 ・組織変更の管理 ・ポートフォリオ管理 ・プロジェクト管理 ・関係管理 ・リスク管理 ・サービス財務管理 ・戦略管理 ・サプライヤ管理 ・要員およびタレント管理	・可用性管理 ・事業分析 ・キャパシティおよびパフォーマンス管理 ・変更実現 ・インシデント管理 ・IT資産管理 ・モニタリングおよびイベント管理 ・問題管理 ・リリース管理 ・サービスカタログ管理 ・サービス構成管理 ・サービス継続性管理 ・サービスデザイン ・サービスデスク ・サービスレベル管理 ・サービス要求管理 ・サービスの妥当性確認およびテスト	・展開管理 ・インフラストラクチャおよびプラットフォーム管理 ・ソフトウェア開発および管理

表2-1　マネジメント・プラクティスの分類

MEMO

ITIL V3/2011からの変更点
従来からあった「サービスライフサイクル」（サービスストラテジ、サービスデザイン、サービストランジション、サービスオペレーション、継続的サービス改善の5つのフェーズ）の概念はなくなっていませんが、ITIL 4ではプラクティスをこのフェーズごとに分類しなくなりました。

MEMO

ITIL V3/2011からの変更点
「インシデント管理」や「変更管理」など、これまで「管理プロセス」と呼ばれていたものの進化系が、この「マネジメント・プラクティス」です。ITILは「ITSM（ITサービスマネジメント）のベストプラクティス集だ」としてきたので、その原点に立ち戻り、プロセスだけではなく、人やツールやパートナなど各種の側面（いわゆる「4つのP」）を包括的に含めた「プラクティス」として編纂されています。
したがって、以前は「管理プロセス」とは別とされてきた「サービスデスク」などの「機能」も、マネジメント・プラクティスの1つとして並記されています。

4　ガバナンス

　ガバナンスとは、組織を方向付け、コントロールするための仕組みであり、「評価（Evaluate）」「方向付け（Direct）」「モニター（Monitor）」の3つの主要活動で

実現します。

ガバナンス

組織を指揮またはコントロールするための手段。

出典「ITIL 4 ファンデーション」

ガバナンスとマネジメント

情報システムコントロール協会 (ISACA) とITガバナンス協会 (ITGI) により作成された、IT ガバナンスとITマネジメントについてのベストプラクティス集 (成功事例集) であるCOBIT (Control Objectives for Information and related Technology) は、1996年に初版がリリースされ、改版を重ねながら進化を続けています。COBIT 5では、「ガバナンス」と「マネジメント」が明確に分離して定義されたことでも有名です。最新のCOBIT 2019でもこのガバナンスとマネジメントの定義を踏襲しています。

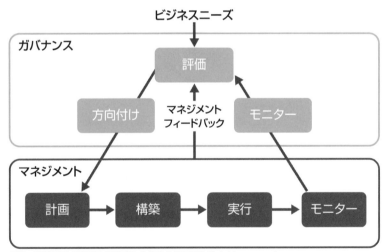

出典 : COBIT® 5 日本語版, 図表 15. © 2012 ISACA® All rights reserved.

図2-4　ガバナンスとマネジメント

5　従うべき原則

　「従うべき原則」とは、ITILを実践する際に参考とするべき指針です。組織の種類や規模、置かれた状況にかかわらず、汎用的かつ永続的なものとして参照することが

できるものです。これらの原則は、リーン、アジャイル、DevOps、COBITなどの他の多くのフレームワーク、手法、標準、理念、ナレッジ体系にも通じるものであり、ITILに限らず、何を行う際にも参考になる原則です。

MEMO

「従うべき原則」の原文
「従うべき原則」の元の英語は「Guiding Principles」です。(IT)サービスに関わる私達をガイド（牽引）してくれる原則という意味です。したがって、強制力はありません。でも、きっと「いいな」「参考になるな」と思うはずです。

ITIL 4では、「従うべき原則」として、次の7つの原則がまとめられています。サービスを提供する各場面で、どの原則が使えるか意識してみましょう。常に全部とは言いませんが、複数の原則が当てはまるはずです。

01：価値に着目する
02：現状からはじめる
03：フィードバックを元に反復して進化する
04：協働し、可視性を高める
05：包括的に考え、取り組む
06：シンプルにし、実践的にする
07：最適化し、自動化する

では、各原則について簡単に紹介していきましょう。

●01：価値に着目する

サービスが、顧客をはじめ利害関係者にとっての価値に、直接的または間接的に結び付くようにするということです。

そのためには、まずは顧客から始め、「誰がサービスの顧客か？」「どのようにサービスを利用しているのか？」「このサービスを利用することでどんな価値があるのか？」を理解することが重要です。さらに、その他の利害関係者も含めてサービス提供にどのように関わっているかの全体像を知ることにより、それぞれの立場や組織における価値を理解できるようになります。それにより、全体がエコシステムとしてしっくり噛み合う仕組みを作ることも可能になります。

もう一つ重要なことは、サービスは作るタイミングではなく、使って初めて価値が出るということです。価値はサービスを提供し、使ってもらったその瞬間に生ま

れます。だからこそ、使ってもらうことをイメージして設計し、いつ使っても価値が出る仕組みや、価値が出ているかどうかを確認する仕組みを用意することが重要になります。

●02：現状からはじめる

　サービスは改善し続けることが大切ですが、改善する際に極端に走り過ぎ、これまでのものを全て排除してゼロベースで新しいものを作るというのは、良くない結果となることが多いので気を付けましょう。時間的に無駄が多いだけでなく、うまく活用してより価値を引き出せるはずの既存のサービスやプロセス、人材、ツールを無駄にしてしまう可能性もあります。ですから、まずは活用可能なものがないか、現状を確認することが大事です。

　そのためには、まず現在使用しているツールや手法やサービスを測定し、現状を理解するところから始めると良いでしょう。「なぜ今そうなっているのだろうか？」「現状でも使えそうなものはないだろうか？」と考えてみるのです。

　その際に気を付けなくてはいけないことは、「先入観を持たないこと」、そして「データの分析と報告に依存し過ぎないこと」です。もちろん、非常に稀ではありますが、現状から何も再利用できない場合もあります。

●03：フィードバックを元に反復して進化する

　物事を何でも一度に実施する必要はありません。非常に大規模な取り組みであっても、小さく分けて少しずつ反復しながら取り組んでいくことにより、大きな目標を達成することができます。そもそも目標が高過ぎると挫折してしまいますが、小さく区切れば、確実かつ迅速に実現することができるので、モチベーションも維持しやすくなります。さらに、各取り組みの単位ごとに軌道修正がしやすく、状況に応じた柔軟な活動が可能となります。

　サービスは使って初めて価値が出るので、サービスを利用したユーザや顧客の声を受け、また、サービス提供に関係したメンバーの声を聞き、さらにサービスを実施した結果のデータを収集して分析することが大切です。これが「フィードバックを元にする」という意味です。これにより、顧客が今求めていることを提供することができるようになるのです。

●04：協働し、可視性を高める

　「協働（collaboration）」とは、共通の目標に向かって、関係者が一致団結して協力することです。様々な適切なメンバーが集まることにより、多角的な視点と知識と

経験から、より創造的な意見や提案や積極的な貢献が生まれます。

　例えば、サービス・プロバイダだけでサービスや顧客にとっての価値を考えると、どうしてもプロダクトアウト（＝作り手側の意見）になりがちです。実際に顧客やユーザに生の意見を聞くと、想定していなかったような使い方や要望が出てくることは少なくありません。

　また、パートナやサプライヤにも参加してもらうと、お互いのできることやできないことが見えてきて、「だったらこうすればうまくできるんじゃないかな？」と、状況を理解したからこそ素直にアイデアが出てくることもあります（逆にお互いの真の状況を知らないと、「面倒だから、『できない』と断っているんじゃないか？」など、変な勘繰りをしてしまい、関係が悪くなることも少なくありません）。

　協働には、情報の可視化とそれに基づく利害関係者間の理解と信頼が必須だということを覚えておきましょう。

●05：包括的に考え、取り組む

　「包括的」とは、全体を見るということです。サービスも活動も組織や人も、単独で活動するわけではなく、それぞれが複雑に結び付いてエコシステムを形成しています。だからこそ、広く全体として包括的に見て、包括的に取り組んでいくことが大切です。

　例えば、「サービスの一か所を変更すると、どこに影響するのか」を理解できると、その変更の効果とリスクを比較し、包括的に判断することができるようになります。サービスが大きくなればなるほど、一人で全てを包括的に把握することは難しくなります。だからこそ、前項の「協働」が重要となります。

　協働ができていれば、組織の枠を越えて情報共有ができ、補い合い、包括的に判断することができるようになります。

●06：シンプルにし、実践的にする

　「これは価値創出に貢献するのだろうか？」「本当に顧客の成果につながるだろうか？」を意識し、価値をもたらさない活動は全て廃止しましょう。価値を創出しない活動は無駄な活動です。そこに費やされる利害関係者の貴重な時間を、価値を創出するための時間にシフトしましょう。

　加えて、シンプルで理解しやすいことほど、他人に受け入れられやすいものです。即効性のある成果（Quick Win）によって取り組みの進捗や成果をアピールすることで、周囲の理解と協力を得やすくなり、改善がさらに進みます。

●07：最適化し、自動化する

　自動化を進めることで、人は単純作業や高頻度に発生するタスクから解放され、より複雑で高度な意思決定に時間を割くことができます。ただし、人が行っている作業を単純にロボットに置き換えるのではなく、プロセスや手順を整備し、最適化してから自動化するようにしましょう。

MEMO

「従うべき原則」の始まり
「従うべき原則」は、ITIL 2011 editionの後にリリースされた「ITIL プラクティショナガイダンス」という補完書籍（ITILの主となる「コア書籍」を補完する、補助的な書籍）で最初に発表されました。補完書籍の位置付けだったその内容が、ITIL 4 のファンデーションに加えられたことからも、その重要性は明らかです。

---

6 継続的改善

　より良くするために変化していくことが「改善」ですが、その活動が「継続的に行われること」つまりずっと続くことが「継続的改善」の重要なポイントです。

　前述の通り、サービスとは顧客に価値を提供し続けることです。顧客にとっての価値はどんどん変化していきますので、改善に終わりはありません。顧客とサービス・プロバイダがずっと寄り添って、win-winの関係を持続していくためには、継続的改善は必須です。

　ITIL 4には「改善」に関する要素が3つも出てきます。それだけ改善はサービスの成功のために重要だと言えるのです。

　改善についての詳細は第6章をご参照下さい。

2.5 4つの側面と外的要因

　ITIL 4 の中核となる部分はここまで説明してきたSVSと言えますが、実はそれだけでは価値の高いサービスを創ることはできません。ITIL 4では、常にバランスよく「4つの側面」を意識して考え行動すること、さらにアンテナを外にも向け、「外的要因」も意識することが重要であるとしています。

　ここでは、この「4つの側面」と「外的要因」について紹介します。

1 4つの側面

　「4つの側面」とは、サービスマネジメントを包括的（つまり、抜け漏れなくバランスよく）実践していくための4つの観点のことです。具体的には、「組織と人材」「情報と技術」「パートナとサプライヤ」「バリューストリームとプロセス」の4つとなります（表2-2）。

　例えば、サービスを提供するための「プロセス」を設計したものの、そのプロセスを実施する「人材」を育成していなかったので、プロセスが絵に描いた餅になってしまったということはよくある失敗例です。「4つの側面」のどれか1つだけを実施すればよいというものではなく、4つどれも意識することが、良いサービスを提供することにつながります。

　これら「4つの側面」はSVS全体において（言い換えると、SVSのどの要素でも）意識すべき観点です。

4つの側面	具体的な検討事項の例
組織と人材	どのような人材（知識やスキルや経験）が何人必要か？雇用するか人材育成するか？役割と責任は？組織構造は？
情報と技術	どのような情報を測定すべきか？測定し管理するためにはどのような技術やツールを使うか？ ※サービスそのものとサービスの管理の両方について考える
パートナとサプライヤ	どの部分をどのパートナやサプライヤにアウトソーシングするか？その際の契約の内容は？
バリューストリームとプロセス	バリューストリームを最適化するには？どのマネジメント・プラクティスを活用するか？

表2-2　4つの側面

MEMO

ITIL V3/2011からの変更点

この「4つの側面」は、ITIL V3で提唱されていた「ITSMの4つのP」の進化系です。「4つのP」は、次の4つの英単語の頭文字を指していました。

- People（人材）
- Process（プロセス）
- Product（技術、ツール）
- Partner（パートナ）

これらが、より本質的でわかりやすい表現に更新されたと考えると良いでしょう。

- People（人材）　　　　　　→　組織と人材
- Process（プロセス）　　　　→　バリューストリームとプロセス
- Product（技術、ツール）　→　情報と技術
- Partner（パートナ）　　　　→　パートナとサプライヤ

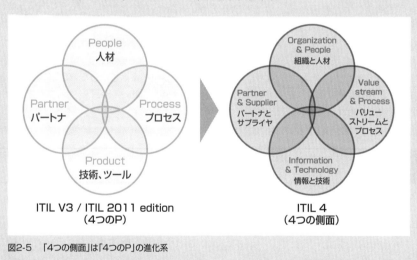

図2-5　「4つの側面」は「4つのP」の進化系

2 　外的要因

　サービスを提供するには、本当に様々なことを考えていかなくてはいけません。なぜなら、私達は日々変化していく不確実な世の中に生きているからです。より高い価値を提供するためには、常にアンテナを立て、様々な外的要因からの影響について常に情報収集をし、対策を打っていくことも必要です。

　ITIL 4では、主な外的要因の種類として次の6つを提唱しています（表2-3）。

6つの主な外的要因	具体例
Political factor（政治的要因）	外交問題が浮上してきている
Economic factor（経済的要因）	経済が回復の兆しがある
Social factor（社会的要因）	ダイバーシティへの注目と理解が高まってきた
Technological factor（技術的要因）	AIの活用が一般化してきた
Legal factor（法的要因）	個人情報保護法が成立した
Environmental factor（環境的要因）	環境保護の重要性が注目されている

表2-3　6つの主な外的要因

MEMO

PESTLE分析

上記の6つの外的要因の元となっているのが、米国の経営学者フィリップ・コトラー（Philip Kotler）氏が、提唱したPEST分析です。これはビジネスに影響を及ぼすマクロ環境を、政治・経済・社会・技術の4つの外部環境要因を元に分析するというものです。さらに、この4つに法律と環境の要因を追加したものがPESTLE分析です（厳密には、政治的要因から法的要因が派生し、社会的要因から環境的要因が派生しました。現代において、この2要素の重要度が高くなってきた現れだと言えます）。なお、PESTLEは6つの要因の頭文字を組み合わせたものです。

3　ITIL 4 全体像まとめ

　ここまで解説してきた通り、ITIL 4では、従来のITSM（ITサービスマネジメント）という範囲を越えて、「顧客や利害関係者とより良い価値を共創し、持続可能なエコシステムを構築するにはどうすればよいか」という命題を解決するための1つの解を提示してくれるものです。

　もちろん、「銀の弾丸などない」というフレデリック・ブルックスの有名な格言の通り、「これさえすればよい」という正解はありません。最終的には自分達のサービスや組織に合わせて、テーラリング（仕立て直し）する必要はありますが、どのようなことに気を付けるべきかの全体像と成功事例から得たフレームワークや原則を提示してくれる参考書として、ITIL 4は非常に有用なものと言えます（図2-6）。

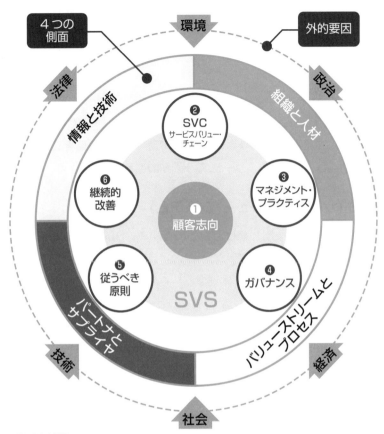

4つの側面

環境

外的要因

法律

政治

技術

経済

社会

情報と技術

組織と人材

パートナーとサプライヤ

バリューストリームとプロセス

❷ SVC
サービスバリュー・チェーン

❸ マネジメント・プラクティス

❻ 継続的改善

❶ 顧客志向

❺ 従うべき原則

❹ ガバナンス

SVS

図2-6　ITIL 4の全体像

この章のまとめ

□ サービスとは

顧客が成果を得られるように、サービス・プロバイダがコストやリスクの管理を含めて提供する事柄一式（顧客は、自身で管理せず、対価を支払い使用する）。顧客と共創することにより、サービスの価値は維持・向上できる。

□ SVS（サービスバリュー・システム）

サービスの価値を生み出し続けるための仕組み。SVC（サービスバリュー・チェーン）、マネジメント・プラクティス、ガバナンス、従うべき原則、継続的改善で構成されている。その基本理念としてあるのは「顧客志向」。顧客と価値を共創するには、SVCを組み合わせてバリューストリームを形成し、適切なガバナンスとマネジメントのもとで、顧客の声に耳を傾けながら改善し続けることが重要。「従うべき原則」も参考になる。

□ 4つの側面

サービスを成功させるために意識すべき4つの観点。

□ 外的要因

サービスを成功させるためにアンテナを張っておくべき外的要因。

第3章

サービスを創り、提供し、サポートする

― 価値あるサービスを提供するには？ ―

CDS
Create, Deliver and Support

価値あるサービスを提供するには、最新の技術を使うだけでは十分ではありません。本章では、第2章で紹介した「4つの側面」のうち、「バリューストリームとプロセス」「パートナとサプライヤ」「組織と人材」について、具体的にどのようなことを実践していけばよいかを紹介します。

ITIL スペシャ リスト CDS Create, Deliver & Support	ITIL スペシャ リスト DSV Drive Stakeholder Value	ITIL スペシャ リスト HVIT High Velocity IT	ITIL ストラテ ジスト DPI Direct, Plan & Improve	ITIL リーダー DITS Digital & IT Strategy

ファンデーション

── この章の解説範囲

ケーススタディ

　喫茶店ブギでは、以前から行っていた人気メニューのテイクアウトの「オンライン注文」を始めることにしました。

　そこで店長は、大学でWebデザインの勉強をしているアルバイトのさとし君に、オンライン注文受付用のWebページを作ってもらうことにしました。これまであったお店のページに、オンライン注文受付のページを追加するというものです。

　さとし君は快く引き受けてくれたのですが、出来上がったWebページが原因で様々なトラブルが発生してしまいました。

喫茶ブギ

昭和レトロな雰囲気の中で
ゆったりした時間をお過ごし下さい。

◆お飲み物◆
ブレンドコーヒー／アイスコーヒー　500円
その他のメニューはこちら

◆お食事◆
ミックスサンド　560円
その他のメニューはこちら

★テイクアウト始めました
テイクアウトは店頭でのご注文、電話またはオンラインで受け付けます。
オンラインでのご注文はこちら

テイクアウトのご注文

ご氏名
電話番号
メールアドレス

◆お飲み物◆
ブレンドコーヒー 　　　　　個
アメリカンコーヒー 　　　　　個
カフェオレ 　　　　　個
アイスコーヒー 　　　　　個
アイスカフェオレ 　　　　　個
ホットティー 　　　　　個

図 喫茶店ブギのWebページ

上がってきたクレームや要望をまとめると、次のようになります。

□お客様から

- ・商品名だけだとわかりにくいので、写真も掲載してほしい
- ・スマートフォンからも注文できるようにしてほしい（今はPCのみ対応）
- ・予約のキャンセル方法がわからない
- ・食事メニューで嫌いな野菜を抜いてほしい
- ・登録した個人情報は守られるのか心配
- ・エラーが表示されて注文できなかった

□フロア兼テイクアウト担当から

- ・Webページからの申し込み方法についての問い合わせが多い
- ・電話での注文の際に、メールアドレスは聞く必要はあるのか？
- ・注文は管理画面を開かないとわからないので、リアルタイムに気付けない
- ・予約時間に受け取りに来られなかった商品はどうすればいいかわからない

□調理場担当から

- ・お昼時にテイクアウトの注文が多すぎて間に合わない
- ・嫌いな野菜を抜くなどのカスタム要望が、厨房まで伝達されていない

Webサイトのデザインが原因の部分もありますが、それ以外にもいろいろと改善点がありそうですね。

お客様にとって「価値のあるサービスを創る」とはどういうことでしょうか。本章のテーマでもある「（創った）サービスを提供し、サポートする」とは、具体的にどういう取り組みが必要なのでしょうか？

本章では、そのための主要なポイントについて解説していきます。

3.1 「顧客」は誰か？

1 「顧客は誰なのか」を定義する

　第2章で紹介した通り、サービスとは「顧客が成し遂げたいことに集中できるように、コストやリスク等を管理して提供すること」です。しかも、顧客が「価値」だと感じることは、時間とともに変化していきます。だからこそ、顧客と一緒に創り上げていく「価値の共創」が、サービスを成功させるための秘訣となります。

　そのためには、まず「顧客が誰なのか」を確認し、定義することが、サービスを創る際の第一歩となります。例えば、冒頭のケーススタディに登場した喫茶店ブギの「オンライン注文サービス」の顧客は誰でしょうか？

　第2章でも紹介した通り、ITIL 4 ではサービスのお客様を3種類に分けています。

KeyWord

ユーザ、顧客、スポンサ

ユーザ　　：サービスを利用する役割。
顧客　　　：サービスの要件を定義し、サービスを消費した成果に対して責任を負う役割。
スポンサ：サービス消費の予算を承認する役割。

出典「ITIL 4 ファンデーション」

　これに当てはめると、喫茶店ブギの「オンライン注文サービス」の顧客は次のようになります。

●お店のお客様

　商品を注文する立場で「オンライン注文サービス」を利用しているので「ユーザ」であり、サービスに対する要件を定義する（一般消費者なので、多くの場合はリリース後のクレームや改善要望を出す）立場では「顧客」でもあります。

●フロア兼テイクアウト担当

　注文受付と商品提供の立場で「オンライン注文サービス」を利用しているので「ユーザ」であり、要件を定義する（本来は、サービス設計時に自分の立場からの要件を提示する）立場では「顧客」でもあります。

●調理場担当

注文内容を確認するという立場で「オンライン注文サービス」を利用しているので「ユーザ」であり、要件を定義する（本来は、サービス設計時に自分の立場からの要件を提示する）立場では「顧客」でもあります。

●店長

Webページを作成する仕事を依頼し、そのサービスの開発および提供と（ユーザによる）利用のための予算（ヒト・モノ・カネ）を承認するので、店長は「スポンサ」です。場合によっては、「ユーザ」や「顧客」の立場で関わる場合もあるかもしれません。

ちなみに、さとし君は「オンライン注文サービス」を提供する立場なので「サービス・プロバイダ」となりますし、オンライン注文サービスを提供する外部のWebサイト運営企業は「サプライヤ/パートナ」となります（図3-1）。

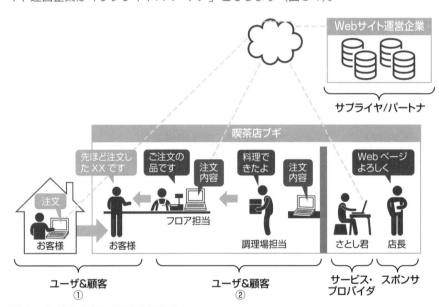

図3-1　オンライン注文サービスの利害関係者

多くの場合、「顧客」と言うとその企業にとってのお客様（例：喫茶店ブギに来るお客様）をイメージしてしまいがちです。しかしサービスによっては、顧客は社内の同僚やサプライヤやパートナになることもありえます。

なお、サービスを直接利用する顧客を「直接顧客」、最終的に利用する顧客を「間接顧客」「最終顧客」と表現することがあります。また、社内の顧客を「内部顧客」、社外の顧客を「外部顧客」と表現することもあります。

2 「顧客の声」を拾う

「顧客が誰なのか」が明確になれば、次にやるべきことは、顧客の声を拾い、顧客がサービスに対して求める要件を確認することです。サービス・プロバイダの思い込みで「よかれ」と思って設計して開発したサービスは、顧客が求めることからズレていることも多く、失敗してしまいがちです。したがって、なるべく顧客の生の声を引き出すことが重要です。

顧客が社内の同僚や取引先企業の責任者であれば、人数が限られていて比較的確認しやすいのですが、一般消費者となると結構難しくなります。例えば、次のような方法をとることで、生の声を集めやすくなります。

- ・利用者にアンケートをとる
- ・キャンペーン等を併用し、既存の利用者以外にもアンケートをとる
- ・主要顧客や希望者数名を選定してグループ・ディスカッションを行う
- ・ソーシャル・メディアやレビュー、ブログ等への書き込み情報を調査する
- ・観察する

また、生の声ではありませんが、「ペルソナ」を設定して、「その人物がサービスに対してどのような要件を持つだろうか？」「サービスを利用してどのような感想を持つだろうか？」ということを想像していくことも有用です。

顧客の声を拾うタイミングは、サービスを設計するときだけでは十分ではありません。サービスを正式リリースする前のテストに顧客に参加してもらってフィードバックをもらい、不十分な箇所があるのであればリリース前に軌道修正するべきです。

参考

VOC(Voice Of Customer)

顧客の声のことを、一般的にVOCと言います。VOCは「宝の山」と言われます。そこには、商品やサービスを実際に使ってみた顧客の体験を通して感じた、価値に対する意見が表出しているからです。例えば、苦情は不利益を被っていることに対する不平不満ですが、逆に考えると、「こんな機能が欲しい」「こういうサービスがあったらいいのに」という要望の裏返しとも言えます。つまり、次の商品開発やサービス開発のヒントがそこには隠れているのです。また、単純なお問い合わせであっても、そのお問い合わせがかなりの頻度で発生している場合は、多くの顧客にとってわかりにくいのだということの証明と言えます。「マニュアルや説明資料を改善する必要がある」と気付くことができるでしょう。

このように、VOCを収集・分析し、より高い顧客体験を創出するために改善を行う活動を「VOC活動」と呼びます。

参考

ペルソナ

商品やサービスを利用するユーザ像のことを指すマーケティング用語です。実在する人物であるかのように、年齢、性別、家族構成、住所、学年／仕事、趣味、食べ物の好き嫌い等、非常に詳細に設定して作り上げます。

さらに、リリース後に実際に利用してもらうにも、多くの顧客からフィードバックをもらえる仕組みを作り、その声を集めてサービスの改善につなげていくという継続的な活動が顧客との「価値の共創」であり、継続的に価値の高いサービスの提供と顧客のリピートにつながります。

3 サービスの価値を設計する

顧客の声を拾ったら、その声に基づき、顧客が求めている価値を届けるサービスを設計します。サービスは、顧客が「使いたい」と思ったときにいつでも使えて価値が出ることがポイントですので、「有用性」と「保証」の2つの観点から網羅的に設計することが必須です。

KeyWord

有用性

特定のニーズを満たすために製品またはサービスによって提供される機能。有用性は「サービスが何を行うか」であると言い換えられ、サービスが「目的に適しているか」を判断するために使用できる。サービスが有用性を持つためには、（サービス）消費者のパフォーマンスをサポートするか、または（サービス）消費者の制約を取り除くか、いずれかをしなければならない。多くのサービスはその両方を行っている。

出典「ITIL 4 ファンデーション」

KeyWord

保証

製品またはサービスが合意済みの要件を満たすことに対する確約。保証は、「サービスがどのように提供されるか」であると言い換えられ、サービスが「使用に適している」かを判断するために使用できる。多くの場合、保証はサービス消費者のニーズに沿ったサービスレベルに関連する。これは、正式な合意に基づく場合や、広告メッセージやブランド・イメージである場合がある。また、保証は一般的に、サービスの可用性、キャパシティ、セキュリティ、継続性を確約する。定義され、合意された条件が全て満たされている場合、サービスは受け入れ可能であることの確約、つまり「保証」を提供していると言える。

出典「ITIL 4ファンデーション」

3.2 VSMを作る

1 VSMとは？

　顧客の要件（＝顧客が求める価値）が明確になったら、その価値を生み出す活動の流れを洗い出し、図にまとめます。

　この価値を生み出す流れのことを「バリューストリーム」と呼び、バリューストリームを図でまとめたものをVSM（バリューストリーム・マップ）と呼びます。

KeyWord

バリューストリーム

組織が製品およびサービスを創出し、（サービス）消費者に提供するために組織が取り組む一連のステップ。

出典「ITIL 4 ファンデーション」

　バリューストリームは、第2章で紹介した「4つの側面」の1つです。他の3つも含めバランスよく実装することで、価値を届けることができます。

参考

バリューストリームとプロセス

バリューストリームは、価値を生み出す流れを指し、顧客に価値を届けることを中心にした考え方です。一方「プロセス」とは、目的や目標を達成するための活動の流れを指し、バリューストリームとは観点が異なります。もちろん、サービスの提供にあたっては、価値を生み出し届けることがその根幹にあるので、結果的に同じになることもあります。特にITILでは「管理プロセス」がプラクティス・ガイドにまとめられており、これは対象項目を管理することが目的のプロセスとなります。例えば、次ページの図3-3の「冷ます」というステップを確実に実施して、食中毒を発生させないように管理するプロセスなどがあり得ますが、それはバリューストリームとは呼びません。

例えば「喫茶店ブギのお客様が、Webで注文した商品を予約した時間に店舗で受け取ることができる」という価値を届けるバリューストリームは、次のようになります（図3-2）。

図3-2　注文受付〜商品提供のバリューストリーム

また、「喫茶店ブギの調理場担当が、調理を開始してからフロア担当に渡すまで」のバリューストリームは次のようになります（図3-3）。

図3-3　調理開始〜フロア担当へ提供までのバリューストリーム

●VSMを洗練させるSVC

このバリューストリームを構成する要素の概要レベルの活動として、ITIL 4では SVC（サービスバリュー・チェーン）の6つの活動を定義しています。「概要レベル」であるためかなり抽象度は高いのですが、作成したVSMで抜けている活動がないかを確認するための参考になります（SVCの詳細は第2章をご参照下さい）。

・計画　　　　　　・改善　　　　　・エンゲージ
・設計および移行　・取得／構築　　・提供およびサポート

例えば、調理場担当は、出来上がった商品をフロア担当に渡す際に「顧客名と予約時間と予約内容を口頭で伝えて確認する」という「エンゲージ」活動をしているかもしれません。それを加えると、VSMは次のように更新できるでしょう（図3-4）。

図3-4　調理開始〜フロア担当へ提供までのバリューストリーム（更新）

冒頭のケーススタディで示したように、実際にサービスを利用したみなさんからの声がたくさん上がってきているので、それらも参考にしながら、次の点を追求し、バリューストリームを洗練させていきます。

- ・いかにムダなく価値を届けるか（価値を付加しない活動を削減する）
- ・いかにムラなく価値を届けるか（作業や品質のバラつきを削減する）
- ・いかにムリなく価値を届けるか（顧客要件や内外要因の変化に柔軟に対応する）

参考

SIPOC

バリューストリームをまとめる前に、SIPOCを決めることをおすすめします。SIPOCとは次の5つの単語の頭文字を合わせたものです。

- ・Supplier（サプライヤ）：プロセスにインプットを入力する人や組織
  【注】「4つの側面」等で出てくる、サービス・プロバイダへ商品やサービスを提供する「サプライヤ」とは全く別です。
- ・Input（インプット）　：プロセスに入ってくる物や情報
- ・Process（プロセス）　：価値を生み出す活動の流れ。バリューストリームのことであり、SIPOCでは「XXプロセス」と一言で表現する
  ➡これをステップに分解し、前述のバリューストリームとして表現していきます
- ・Output（アウトプット）：プロセスから出ていく物や情報
- ・Customer（顧客）　：プロセスからアウトプットを受け取る人や組織

VSMを作るメンバーでSIPOCを定義することで、どの範囲についてVSMを作るのかの共通認識を持つことができます。

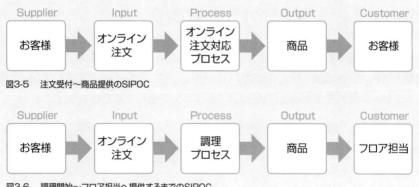

図3-5　注文受付～商品提供のSIPOC

図3-6　調理開始～フロア担当へ提供するまでのSIPOC

3.3 インソース？ アウトソース？

　サービスを提供するための人や物やサービスを調達することを「ソーシング」と言います。バリューストリームに沿って活動する「人」はどこから調達するのがよいでしょうか？サービスを構成する「物」は自社で作成しますか？外部から取得しますか？外部サービスを組み込んだサービスの場合に気を付けるべきことは？など、ソーシングについても考えることがたくさんあります。この話は、第2章で紹介した「4つの側面」の1つである「パートナとサプライヤ」に関するものです。他の3つも含めバランスよく実装することで、価値を届けることができます。

1 ソーシング（調達）戦略の立案

　サービスを提供する際は、全てを自社で内製化しなくてはいけないわけではありません。単純作業を社員で行うよりも安価に実現できる外部のリソースを利用したり、専門性の高い分野については、高価であっても専門性の高い外部にアウトソーシングするという判断はありえます。逆に、技術や知識の外部流出を防ぐためや、社員の育成を目的として、内製化（インソーシング）するという判断もありえるでしょう。

　このように、サービスを構成するどの部分をどこから調達する（ソーシングする）かの戦略を立てることを、「ソーシング戦略を立案する」と言います。

　例えば、冒頭のケーススタディで紹介した喫茶店ブギの例では、

・Webページの作成　　　　　　　　　　　　：インソース
・Webサイトのインフラストラクチャの運営　：アウトソース
・Webページのメンテナンス　　　　　　　　：インソース

という戦略だったと言えます（図3-7）。

2 ソーシング先の選定とデュー・デリジェンス

　ソーシング戦略を立案したら、立案した戦略に基づき、ソーシング先を具体的に選定していきます。インソーシングは社内調達となるので、適切な部署に仕事を依頼し

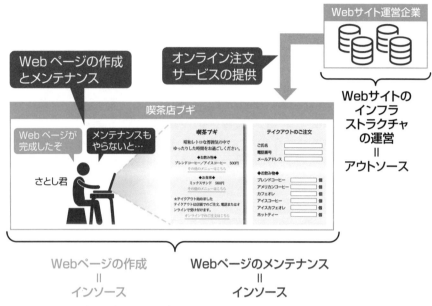

図3-7　オンライン注文サービスのソーシング戦略

たり、同じ組織内であれば担当者を割り当てたりします。アウトソーシングする場合は、異なる企業や個人に依頼することになるため、本当に取引をしても大丈夫なのか、アウトソーシングする価値やリスクについて、財務状況も含め厳密に調査することが重要です。これをデュー・デリジェンス（Due Diligence）と言います。

　デュー・デリジェンスの結果、取引しても問題ないと結論が出れば、晴れて契約書を交わし、取引を開始します。

MEMO

ソーシング・ガバナンス

ソーシング戦略立案から選定、契約締結までのソーシング・プロジェクトの進め方とその後のガバナンスについては、「ソーシング・ガバナンス」という分野で、実践に基づく研究と体系化が進められています。アウトソーシングを専門分野として取り扱う協会であるIAOPが発行している書籍「The Outsourcing Professional Body of Knowledge (OPBOK)」は、その知識体系をまとめたものとして参考になります。

https://www.iaop.org/Content/19/206/3040

なお、OPBOKで取り扱われているソーシングは、「企業の事業を支えるITサービス全般に関わるソーシング」が範囲となります。

Outsourcing Professional Body of Knowledge®(OPBOK®) is a Trademark of the International Association of Outsourcing Professionals®(IAOP®). IAOP® is a Registered Trade Mark of IAOP.

3　サービス・インテグレーション（サービスの統合管理）

顧客へ提供するサービスが、社内組織だけでなく、複数のサプライヤやパートナからの複数のサービスの組み合わせで成り立っている場合、それらのサービスを統合的に管理し、全体として価値の高いサービスとして顧客へ届けられるように管理する必要があります。具体的には、

- ・最終的にどのような価値を顧客に届けるか、共通理解を持つようにする
- ・複雑なインシデントが発生した際に、一緒に解決する
- ・KPIや報告内容や管理項目等について、必要な部分は共通化する

等の管理方針を決め、1つのチームとして動ける関係を構築していくことも、サービス成功のためのポイントの1つです。

例えば、喫茶店ブギのWebサイトで「24時間365日いつでも注文可能！」と謳っているにもかかわらず、Webサイト運営企業の都合（例えば、システムの定期メンテナンス等）で週末にアクセスできなくなっていたら、「看板に偽りあり」として、全体の責任元である喫茶ブギにクレームが来ますよね。

また、Webサイトでエラーが発生した場合に、「Webサイト運営企業のインフラが原因だ！」「いや、喫茶店ブギのWebページがおかしい！」「お客様のネットワークの問題では？」などとお互いに責任転嫁をしていると、対応が遅れてしまいます。

つまり、「お客様と約束したサービス内容を、約束したサービスレベルで提供するには？」「『お客様がサービスを利用できなくて困っている』という状況を解消するには？」という共通の目標に向かって、一致団結して協働（コラボレーション）するような仕組み作りが必要となるということです。複数のサービスをまとめて1つのサービスとして顧客に提供するために、ITILではサービスを統合して管理する考え方として「サービス・インテグレーション（サービスの統合管理）」が提唱されています。

4　サプライヤ管理

前述のサービスインテグレーションが、社内外の複数のサプライヤ（やパートナ）からの「サービス」を統合的に管理することを目指すのに対し、サプライヤ管理は社外の各サプライヤ（やパートナ）とそのパフォーマンスを管理することを目指します。もちろんどちらも重要であり、相関関係にあるのです。目指しているものが異なるので、活動内容は少し異なります。

サプライヤの選定や契約を含め、次のような活動がサプライヤ管理には含まれます。

・サプライヤのパフォーマンスをモニタリングする
・サプライヤのパフォーマンスをレビューし、評価する
・サプライヤの情報（企業情報、契約内容、パフォーマンス等）を記録し、管理する

なお、ITIL 4 では、ここまで紹介してきた「ソーシング戦略の立案」「ソーシング先の選定」「サービス・インテグレーション」「サプライヤ管理」の全てを含めて「サプライヤ管理」と呼んでいます（図3-8）。

> **MEMO**
>
> **SIAM（Service Integration And Management）**
> サービスを統合し管理するフレームワークとして、SIAMというフレームワークがあります。ITILとも親和性が高い内容であり、ITIL 4の「サービスインテグレーション」の概念はこのSIAMを参照していると言えます。現在、ファンデーションとプロフェッショナルの2種類の知識体系（Body of Knowledge）がリリースされています。
>
> ・SIAM Foundation Body of Knowledge
> ・SIAM Professional Body of Knowledge
>
> 日本語版はファンデーションが無料で公開されており（2022年1月時点）、以下からダウンロード可能です。
> https://www.scopism.com/free-downloads/
> SIAM™ is a registered trademark of EXIN®. EXIN®is a registered trademark.

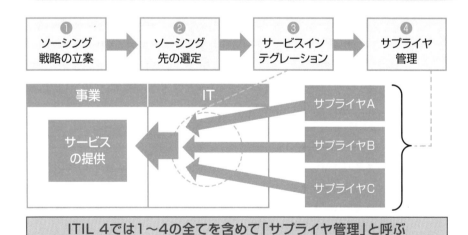

図3-8　サプライヤ管理

3.4 価値を生み出し続ける組織を作る

　ここまで、「サービスの創り方」について説明してきました。では、そのサービスを創り、提供し、サポートする組織はどのように作ればよいでしょうか。本節では、「価値を生み出し続ける組織の作り方」について紹介します。この話は、第2章で紹介した「4つの側面」の1つである「組織と人材」に関するものです。他の3つも含めバランスよく実装することで、価値を届けることができます。

1 組織構造を決める

　まずは組織の形、枠組みを決めます。典型的な組織構造を次に列挙します。

- ・機能別組織　　　：営業、人事、総務、ITなどの機能別に編成された組織構造
- ・事業部制組織　　：事業の種類、製品の種類、地域など、関連する事業単位で分けて編成された組織構造
- ・マトリクス組織：機能別組織と事業部制組織の「いいとこ取り」をしたような組織構造。マトリクス組織では、1人の社員が、2つの組織に所属する
- ・フラット型組織：レポートライン（指揮命令系統）を削減して階層構造を減らしてなるべくフラットにする組織構造

　他にも、「スター型／ネットワーク型組織」や「カンパニー制組織」「チーム制組織」などがあります。みなさんの企業はどの組織構造でしょうか。

　従来は機能別組織や事業部別組織のように階層化された軍隊式の指揮命令系統の組織構造が多かったのですが、アジリティ（俊敏性）やレジリエンス（弾力性、回復力）が求められるデジタルな世界では、マトリクス組織やフラット型組織がより適していると言われています。

　なお、組織の成長や戦略の変化に基づき、組織構造を変えていくものですので、何が正解かというのは決まっていません。今と将来において価値を最大限発揮できる組織構造は何なのかを、常に考えていく必要があります。

より良い価値を、より多くの顧客に、より確実に提供し続けるには、多くの人の力が必要です。人が増えてくると、「役割分担」が必要となってきます。

KeyWord

役割

特定のコンテクスト（文脈、環境）で個人またはチームに付与される、責任と活動と権限の組み合わせ。

出典「ITIL 4 Create, Deliver and Support」（拙訳）

●RACI

役割と責任を明確化するための手法としては、RACI（レイシー）が有名です。これは、次の4つの役割を人に割り当てる方法です。例えば、冒頭で紹介した喫茶店ブギの注文ページ作成のRACIは表3-1のようになります。表のように一つの役割を複数の人に割り当てることが可能ですが、A（説明責任者）は一人のみに割り当てます。

- Responsible（実行責任者）：タスクや活動の実行に責任がある人
- Accountable（説明責任者）：タスクや活動について最終的な説明責任がある人
- Consulted（協議先）　　　：意見を求められる人、相談を受ける人
- Informed（報告先）　　　：進捗状況等の情報を報告される人

人	RACI	説明
店長	A、C、I	「注文ページの作成」を決定し、さとし君に作成を指示し、注文ページに不具合があった場合にその責任者として理由や今後の対処について説明をする責任があり（A）、注文ページの内容についてさとし君から相談を受けることもあり（C）、注文ページ作成の進捗状況について報告を受ける（I）
フロア担当	C、I	さとし君から注文ページの作成に関して相談を受けることがあり（C）、注文ページ作成の進捗状況について報告を受ける（I）
調理場担当	I	さとし君から注文ページ作成の進捗状況について報告を受ける（I）
さとし君	R	「注文ページの作成」という活動を実行する（R）

表3-1　喫茶店ブギの注文ページ作成のRACI

●コンピテンシー・プロファイル

ITIL 4では、「リーダー（L）」「管理者（A）」「コーディネータ / コミュニケータ（C）」「手法および技法エキスパート（M）」「技術エキスパート（T）」という5種

類のコンピテンシー（活動とスキル）を組み合わせるという手法も新たに使用され
ています。この手法は「コンピテンシー・プロファイル」と呼ばれます（表3-2）。
なお、喫茶店ブギのコンピテンシー・プロファイルは表3-3のようになります。

コンピテンシー	役割	概要
L（Leader）	リーダー	意思決定、委任、他の活動の監督、インセンティブおよび動機付けの提供および成果の評価を行う
A（Administrator）	管理者	タスクの割り当てと優先順位付け、レコードの管理、報告および基本的な改善を開始する
C（Coordinator/Communicator）	コーディネータ／コミュニケータ	複数の関係者の調整、利害関係者間のコミュニケーションの維持および意識向上キャンペーンを実施する
M（Methods and techniques expert）	手法および技法エキスパート	作業の技法の設計および導入、手順の文書化、プロセスに関するコンサルティング、作業の分析、継続的改善を行う
T（Technical expert）	技術エキスパート	技術的な（IT）専門知識の提供および専門知識に基づく割り当てを実施する

出典「ITIL 4：The Practice Guides」(抄訳)

表3-2　コンピテンシー・プロファイルの概要

人	コンピテンシー	説明
店長	L、A、C、M、T	店長はリーダー（L）としての意思決定スキルが最も重要であり、次に管理者（A）とコーディネータ（C）としてのスキル、その次に業務内容全般や手順（M）についても理解している必要がある。IT技術（T）についてはあるに越したことはないが、優先度は低い
フロア担当	C、M、T	顧客との接点であるため、コミュニケーションスキル（C）が最重要で、次に担当業務についてのスキル（M）が重要である。IT技術（T）についてはあるに越したことはないが、優先度は低い
調理場担当	M、C、T	担当業務についてのスキル（M）が最重要であり、次にメンバー間でのコミュニケーションのためのスキル（C）を要する。IT技術（T）についてはあるに越したことはないが、優先度は低い
さとし君	T、C	Webページの作成など、IT技術スキル（T）が最重要である。次にコミュニケーションスキル（C）が重要となる

表3-3　喫茶店ブギの注文ページ作成のコンピテンシー・プロファイル

3　要員計画を立て、管理する

　役割とコンピテンシーを決めたら、次に適切な知識とスキルを持つ適切な人材を適
切な人数確保し、役割を割り当てて管理します。これには、要員計画の立案、採用、
オンボード活動（採用した人材が組織になじんで活躍できるようにするための様々な
活動）、人材育成、パフォーマンスの測定とフィードバック、サクセッション・プラ
ンニング（後継者育成、引継ぎ）などの活動が含まれます。次項からは、その中でも
特に重要なポイントをピックアップして紹介していきます。

4 T型人材、π型人材、櫛型人材を育成する

　価値のあるサービスを提供し続けるためには、人材育成は欠かせません。その際に考慮すべきなのが人材タイプです。人材タイプは、下図のように、文字の形状で表現するのが一般的です。横軸は専門分野（何種類知っているか）、縦軸は専門性（どれくらい詳しいか）を表しています。

　従来の人材タイプは、一般的に「I（アイ）型人材」か「一（イチ）型人材」の2択でした。「I」は縦に一本、つまり1つのことに専門性が高い「スペシャリスト」を指します。これに対して「一」は広範囲の分野についての知識を持つ「ジェネラリスト」を指します（図3-9）。

　しかし、環境変化や技術の進化など、変化が激しい現代においては、I型か一型かではなく、「T型」や「π型」、さらには「櫛型」の人材が求められています（図3-10）。その形からわかるように、T型は1つの分野に専門性が高いと同時に、他の分野についての知識も広く持つ人材です。また、π型は専門分野が2つになります。さらに、櫛型は専門分野が3つ以上となります。これらは、いわゆる「多能工」「マルチスキル」と言われる人材モデルです。

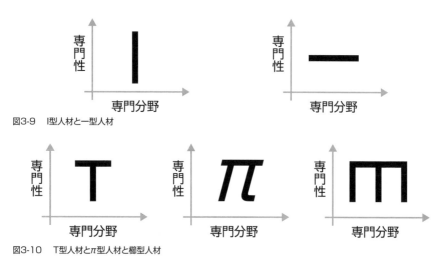

図3-9　I型人材と一型人材

図3-10　T型人材とπ型人材と櫛型人材

　サービスに関わる人々が、各々に高い専門性を持って仕事に従事することはもちろん大切です。しかし同時に、サービス全体のつながりを理解し、協働（コラボレーション）してシームレスなサービス提供を実現するには、このようなマルチスキル人材が必要です。専門分野以外についても知識があることで、自分の担当業務以外がどのように動いているのかを理解し、どのように連携すればよいかがわかるからです。

例えば、冒頭のケーススタディに登場したWebページ担当のさとし君が、調理場やフロア（テイクアウト対応）がどのような仕事をしているかを理解していたら、実際の業務とうまくつながるWebサイトを開発できることでしょう。また、もしわからないところがあれば、調理場担当者やフロア担当者に質問してその意見を聞きながらWebページに反映することができるはずです。逆に、Webページ開発以外の知識が全くなく興味もないと、なかなかこのような協働はしづらくなります。

各自のスキルアップやキャリア開発という観点からも、マルチスキルの人材であることは重要ですし、異なる分野の知識のつながりから新しいアイデアやイノベーションが起きることもありえます。

なお、マルチスキルになるためのコツは「何事にも興味を持つこと」「他部署や社外の人と交流を持つこと」です。誰しも、いきなり複数の分野における専門家になれるわけではありません。少しずつ興味のあるところから調べ、経験し、その積み重ねが新たな興味を育むのです。副業や趣味もそのきっかけとなるでしょう。

5 従業員満足度を管理する

従業員の満足度が高いと顧客の満足度も高くなるという考え方は、今や一般的となってきています。従業員の満足度が高くなれば、モチベーションや労働生産性が上がり、その結果、顧客も品質の高い商品やサービスを受けるので、顧客の満足度も高くなるわけです。

従業員満足度を把握するためには、アンケート、打ち合わせ、第三者（外部組織）による調査など様々な方法があります。どのような形式で行うにせよ、「機密性」「理

参考

ハーズバーグのモチベーション理論

米国の臨床倫理学者F.ハーズバーグ（Fredrick Herzburg）氏が提唱したモチベーション理論によると、仕事に対して「満足をもたらす要因（＝動機付け要因）」と「不満をもたらす要因（＝衛生要因）」があるとしています。

- ・動機付け要因：仕事に満足をもたらす要因。「達成すること」「承認されること」「仕事そのもの」「責任」「昇進」など。
- ・衛生要因　　：仕事に不満をもたらす要因。「会社の政策と管理方式」「管理・監督方法」「給与」「対人関係」「作業条件（金銭・時間・身分）」など。

衛生要因を満たすことによって不満を予防することはできますが、満足感につながるわけではありません。
動機付け要因を満たすことが満足感につながる、ということを覚えておきましょう。

解とサポート」「アクション（対処)」の３つを徹底することが重要です。

●機密性

　本音で答えたことが、適切なメンバーのみに共有され、それ以外には漏れないことを約束し、徹底するようにしましょう。これが保証されないと、従業員が本音を話すことが難しくなります。

●理解とサポート

　マネージャは従業員の声にしっかりと耳を傾け、真剣に向き合う姿勢を見せましょう。理解を示すことは、相手に対する敬意を示すことでもあります。また、アンケートや打ち合わせが「形式的なものだ」と感じると、従業員は正直な回答（フィードバック）をしてくれなくなります。

●アクション（対処）

　従業員からの回答（フィードバック）に対して何かしらアクションを取りましょう。せっかく時間を割いて本音で回答したのに何も具体的な反応やアクション（対処）がないと、従業員は「自分の意見が無視された」と感じ、その後、アンケートに回答しなくなったり、打ち合わせでも本音で答えてくれなくなったりします。

MEMO

従業員幸福度（EH）
最近、従業員満足度（ES：Employee Satisfaction)に加えて、従業員幸福度（EH）が注目を集めています。EHはEmployee Happinessの頭文字を取ったもので、従業員が仕事に対してどの程度やりがいや喜びを感じているかに重点を置いたものです。実際、従業員幸福度が高い企業は業績も上がっているという調査結果も出ています。本文で「従業員の満足度が高いと顧客の満足度も高くなる」と説明しましたが、最近では「従業員の満足度と幸福度が高いと、顧客の満足度と幸福度も高くなる」と言われるようになっています。

6　結果に基づく測定と報告を行う

　「結果に基づくアプローチ」は、継続的改善の基本であり、マネジメントの基本です。明確な目標設定を行い、測定により結果が見える化できると、その結果を見て何をすべきか自ら判断し、行動できるようになります。つまり、メンバー自らが行動変容できるようになるのです。

　価値を生み出し続ける組織と人材を育成するには、リフレクション（内省）が必要
であり、そのリフレクションのきっかけとして目標と測定が有効であると言えるで
しょう。

　目標設定とその評価の際には、次の点に気を付けましょう（図3-11）。

- 対面式の打ち合わせで個人の目標を設定する

- 個人の目標が、チーム、部署、そして組織の目標と関連する（カスケード
  する）ように設定する

- 目標と測定項目はSMARTであるようにし、文書に書き留める

- 目標が現実的でなくなった場合は、軌道修正する

- 個人とチーム（と部署）のパフォーマンスを測定し、評価する

- 定性的な項目と定量的な項目の両方を測定し、評価する

出典「ITIL 4 Create, Deliver and Support」（拙訳）

図3-11　目標設定と評価の際の注意事項

参考

KPIはSMARTに

目標達成のためには、KPI（Key Performance Indicator：重要業績評価指標）を適切に
設定することが重要になります。KPIを適切に設定するために有用なのが「SMART」と呼ば
れる基準です。SMARTは、次の英単語の頭文字をつなげたものです。

- Specific（具体的な）　　　　：曖昧性がなく、明確であること
- Measurable（測定可能な）　　：測定でき、数値化できること
- Achievable（達成可能な）　　：現実的な達成できる目標を設定すること
- Relevant（関連した）　　　　：最終目標や成果に関連性がある目標や測定項目である
  　　　　　　　　　　　　　　　こと
- Time-bounded（期限を定めた）：期限が決まっている目標、期限内に測定できる項目で
  　　　　　　　　　　　　　　　あること

3.5 チームカルチャを醸成する

　カルチャ（文化）は、チームや組織が共有する一連の価値観のことです。前節の解説内容が「組織という箱を作ってそこに人を入れ、組織の中で人を動かす仕組みの作り方」と表現するならば、本項は「そこに魂を入れる方法」と言えるでしょう。この話も、前項に続き「4つの側面」の1つである「組織と人材」に関するものです。

1 カルチャのモデル

　カルチャの特長には何パターンかのモデルがあります。その一般的な例を表3-4にまとめました。

　国や知識、組織、チームによってカルチャは異なります。自分達の組織やチームのカルチャにはどのような特徴があるか、また、どのようなカルチャに変えていきたいのかを意識することが重要です。

カルチャの特長	特長の二極
コミュニケーション	・ローコンテクスト：背景となる文脈は少なく、言葉で明確に伝える ・ハイコンテクスト：背景となる文脈は共有されている前提で、行間を読む
評価（特にネガティブ・フィードバックについて）	・直接的：ネガティブな表現を使って直接批判する ・間接的：間接的な表現で和らげて伝える
説得の仕方	・原理優先：理論や概念をまず提示してから、結論に導く演繹法的な説明を行う ・事例優先：結論を先に提示してから、それを裏付ける説明をする
リーダーシップ	・平等主義：上司と部下の距離が近く、序列を越えてフラットなコミュニケーション。平等にメンバーをまとめるサーバント・リーダーシップ（P.80参照）が求められる ・階層主義：上司と部下の距離が遠く、序列に基づいたコミュニケーション。組織を牽引する強いリーダーシップが求められる
決断	・合意形成型：関係者の合意を得たうえで意思決定する ・トップダウン型：トップが決断する
信頼	・仕事に基づく：質の高い仕事をしているかどうかを重視する ・人間関係に基づく：人間関係を構築し、人を信頼することから始める
見解の相違	・対立型：見解の相違やそこから始まる議論はチームにとって良いものと考え、対立を歓迎する ・対立回避型：対立はチームの調和を乱すため悪いものと考え、表立った対立を歓迎しない
スケジュールの考え方	・直線的な時間型：スケジュール通りに動き、締め切りを守る ・柔軟な時間型：状況の変化に応じて柔軟に対応するため、締切はあまり重視しない

表3-4　主なカルチャの特長

カルチャの8つの指標
INSEAD客員教授エリン・メイヤー（Erin Burkett Meyer）氏はその著書『The Culture Map』（日本では『異文化理解力』で出版）で表3-4に示した「8つの指標」を紹介しています。

2 カルチャ・フィット（文化適合）

　カルチャ・フィットとは、従業員の「企業文化への適合性」を意味します。カルチャ・フィットしている従業員は、仕事や職場を楽しみ、幸せになり、仕事に長期的に取り組み、労働生産性とエンゲージメントが高くなります。

　したがって、人を採用する際には、その組織のカルチャにフィットするかの「適合性」を確認することが、本人と組織の両方の将来にとって大切です。組織のカルチャやその特徴的な例を言語化しておくと伝えやすいでしょう。

　もちろん、組織のカルチャと完全に最初から適合している人はいませんし、組織のカルチャも変化を続けるものです。ですから、組織のビジョンにカルチャを埋め込み、明示することも重要です。ビジョンに紐づく目標やそれに基づく行動への期待、その結果に対するフィードバックなどでも、カルチャを伝えていくことができるでしょう。また、メンバー感で共通の信念や価値観を持てるように、公式な定期ミーティングはもちろん、非公式なチーム（組織横断的なワーキング・グループ等）の形成や、仕事以外のプライベートでのつながりなどを推奨することも有用です。

3 サービス組織として特に重要なカルチャ

　サービス組織として特に重要なカルチャは「顧客志向のカルチャ」「継続的改善のカルチャ」「協働のカルチャ」の3つです。では、それぞれ紹介していきましょう。

●顧客志向のカルチャ

　顧客志向は「サービス・マインドセット」とも言われ、サービス組織たる所以のカルチャと言えます。顧客志向のカルチャを醸成するには、「顧客満足」と「サービス共感」が重要です。

　「顧客満足」とは、顧客が「事前期待」と実際に経験して感じた「価値」との差分、つまり最終的に満足したかどうかということです。満足度が高ければ顧客ロイヤルティが上がり、サービスやサービス提供組織のファンとなって、リピートにつながり

ます。また、他者へ推奨する行動にもつながるでしょう。

これを実現するためには、単純に設計した通りの製品や合意した通りのサービスを提供するだけではなく、期待を上回る価値を提供していく必要があります。

そこで重視されるのが、「サービス共感」という考え方です。これは、他者（特に顧客）の感情を認識して理解し、共感を示し、適切に対処するという思考法です。

KeyWord

サービス・マインドセット

サービス関係における組織の振る舞いを定める、組織カルチャの重要な構成要素。サービス・マインドセットには、組織が採用し、従っている共有価値や従うべき原則が含まれる。

出典「ITIL 4 Create, Deliver and Support」（拙訳）

MEMO

顧客ロイヤルティ（CL : Customer Loyalty）

顧客があるブランドや商品、またはサービスに対して感じる「信頼」や「愛着」のことを指す。ロイヤルティとはもともと忠誠心を表す「Loyalty」から派生しており、企業に対する信頼や愛着の大きさを、ロイヤルティが高い（低い）と表現する。顧客満足度と比べ、感情的に企業やサービスへ持つ強い結び付きを表す概念。

出典「Wikipedia」(2022年1月現在)

最後に、顧客志向の組織となるためのステップをまとめておきましょう（図3-12）。

1. 顧客への価値提案を作成する
2. 顧客体験／ユーザ体験のジャーニーをマッピングする
3. 顧客フレンドリーなスタッフを採用する
4. 従業員を大切にする
5. 顧客、製品、サービス、業界を理解するようトレーニングする
6. 例を示しながら指導する
7. 顧客に耳を傾ける
8. スタッフに権限移譲する
9. サイロ思考を回避する
10. ヒトのためのコラボレーションやワークフローの設計を行う

出典「ITIL 4 Create, Deliver and Support」（拙訳）

図3-12　顧客志向の組織になるためのステップ

サービス共感

サービス関係の確立、維持および改善のために、他者の関心、ニーズ、意図および経験を認識、理解、予想および予測する能力。

出典「ITIL 4 Create, Deliver and Support」（拙訳）

●継続的改善のカルチャ

　継続的改善はサービスの基本です。外的要因や顧客が求めるものは日々変化します。常により良い価値を顧客に提供するためには、改善し続けることが当たり前のカルチャを醸成していくことが重要です。ITIL 4では「改善」に関わる用語が３か所も出てくることからも、その重要性は明らかです（SVSの要素「継続的改善」、「継続的改善」プラクティス、SVCの「改善」活動。詳しくは第６章をご参照下さい）。

　継続的改善のカルチャを醸成するには、「透明性」「信頼の構築」「例えを使った管理」が有効です。ビジョンや目標を共有して、現状を測定データを元に客観的に可視化し（透明性）、相手の話に耳を傾け、理解を示し、ダイアローグ（対話）による双方向のコミュニケーションを通してフィードバックを行ったり、必要な支援はないかを確認し（信頼の構築）、例えを示したりオープンクエスチョンで意見を聞いたり（例えを使った管理）という活動を通して、メンバーが自然と成長し、継続的に改善できる土壌を作っていきます。

●協働（コラボレーション）のカルチャ

　協働（コラボレーション）とは、同じ目標に向かってチーム一丸となることです。協働のカルチャを醸成するには、「共通の目標」「ヒューリスティックな作業」「サーバント・リーダー」が有効です。

　縦割りの組織で、各自が自身や自部署の目標達成のみ目指している（目指す方向が内に向かっている）「協力」の場合、それぞれの活動はサイロ化（各部署が独立して業務を行い、連携が図れていない状態）してしまいます。「顧客に価値を提供する」という共通の目標に向かって、組織の壁を越えて協働することが重要です。

協力（Cooperation）

自分自身の目標を達成するために、他者と一緒に働くこと。

出典「ITIL 4 Create, Deliver and Support」（拙訳）

協働（Collaboration）

共通の共有された目標を達成するために、他者と一緒に働くこと。

出典「ITIL 4 Create, Deliver and Support」（拙訳）

　また、コラボレーションは、作業内容がきっちり決められて固定化されている、いわゆる「アルゴリズム的な作業」ではあまり発生しません。逆に、発見したり学んだりする「ヒューリスティックな作業」では、コラボレーションが必須となります。

　ヒューリスティックな作業は、問題解決などの難しい作業となりますが、だからこそチャレンジングで興味をかき立てられるので、楽しく意欲的に仕事に取り組める作業でもあります。したがって、固定的な単純作業はなるべく自動化するなどし、人間が行う仕事をヒューリスティックなものへとシフトすることが、労働意欲をかき立て、結果的にチームのコラボレーションを醸成することにつながります。

　さらに、コラボレーションするカルチャ（特に柔軟性と俊敏さが求められる知的挑戦を主とする仕事）には、コマンド・アンド・コントロール（指揮統制）型またはトップダウン型のリーダーよりもサーバント・リーダーのほうが適している、とされています。サーバント・リーダーとは、次のようなリーダーシップを持ち合わせたリーダーのことを指します。

サーバント・リーダーシップ

メンバーに対して、その役割を確実にサポートすることに焦点を当てたリーダーシップ。

出典「ITIL 4 Create, Deliver and Support」（拙訳）

4　ポジティブなコミュニケーション

　どのような組織でも、サービス提供の場においても、人と人との間の建設的でポジティブなコミュニケーションは必須であり、チームカルチャを醸成するうえでも必須です。

　コミュニケーションとは、「楽しく会話すること」ではありません。対人間での情報共有や意思疎通のことを指します。したがって、コミュニケーション能力とは、自分が伝えたいことが正しく相手に伝わり理解される能力であり、また、相手が伝えたいことを聞き、理解する能力をも含みます。

　では、よいコミュニケーションをとるために知っておくべきポイントをまとめておきましょう（図3-13）。

- コミュニケーションは双方向のプロセスである
  - ➡「聞く」と「伝える」の双方向がセットと心得るべし！
- 私達はいつもコミュニケーションを取っている
  - ➡雰囲気、態度、ジェスチャーなど、非言語コミュニケーションも意識すべし！
- タイミングと頻度が鍵
  - ➡伝わりやすい最適なタイミングや頻度も考慮すべし！
- あらゆる人に通じる唯一のコミュニケーション手段はない
  - ➡相手によって伝達手段を変えるべし！
- メッセージを伝える適切な手段を選択すること
  - ➡状況や内容によって伝達手段を変えるべし！

出典「ITIL 4 Create, Deliver and Support」（拙訳 _ 要約、意訳を含む）

図3-13　良いコミュニケーションを取るためのポイント

　コミュニケーションについては「1. カルチャのモデル」でも説明しましたが、カルチャによってローコンテクストなコミュニケーションを重んじるカルチャと、ハイコンテクストなコミュニケーションを期待するカルチャがあります。この観点も、コミュニケーションを考える際には意識しておくべきでしょう。

Column

自分と相手にとって最適な伝達手段は？

普段コミュニケーションを取っている同僚と、お互いに次の点を確認してみて下さい。意外と想定と異なる答えになることがあり、新たな発見があると思います。

1. 自分が好きなコミュニケーションの方法
   - 例）情報を伝える際にはまず口頭で説明してほしい
2. 相手が好きだろうと思うコミュニケーションの方法
   - 例）メールで端的に必要事項をまとめてもらうほうが嬉しい

後日譚 ～CDSで解決！～

　さとし君はこれまで、「お客様」はお店に食事に来るお客様だけだと思っていました。しかし、今回オンライン注文受付用のWebページを作成してみて、お客様は他にもたくさんいることに気が付きました。さとし君が作ったWebページを利用する「フロア担当」も「調理場担当」も「店長」もお客様だったのです。

　特にフロア担当は、Webページでテイクアウトの注文をしてお店に取りに来るお客様との接点があり、お客様の声をしっかり把握しています。そこで、さとし君はまずはフロア担当と調理場担当と店長に、テイクアウトのオンライン注文に関して次の点をヒアリングしました。

・オンライン注文が入ってから商品を受け渡すまでどのような流れで仕事をしているか？
・オンライン注文に関して困ったことや要望

　ヒアリングと言っても、アンケート用紙を作ったりメールで質問したりといった堅苦しいことはしません。一緒に働いているメンバーなので、テーブルに藁半紙（わらばんし）を広げて、ああだこうだと話し合っただけです。

　話し合いの結果を踏まえて、さとし君はお客様からのオンライン注文が入ってから商品を受け取るまでの流れをまとめて、VSM（バリューストリーム・マップ）を作成してみました。

　話し合いをしてみてわかったことは、同じ立場の担当者でも、作業内容や作業の進め方が違っていたということです。話し合いの中で「あ、確かにそのほうが効率がいいし、間違いが少なくなるね」なんて意見が出ることも少なくありませんでした。

　特にフロア担当は、店内で食事をするお客様とテイクアウトのお客様が増えるお昼時には、てんやわんやの大パニックだということがわかりました。

　その理由は、4人いるフロア担当のそれぞれの作業分担が決まっておらず、全員が「気が付いたら対応する」という状況だったためです。今回の話し合いで整理したところ、フロア担当の主な業務は次のようなものでした。

・店内のお客様の注文取り
・店内のお客様への食事提供
・レジ打ち（店内もテイクアウトも）
・オンライン注文の受付（メール返信）
・テイクアウト商品の提供

　これらの作業を「気が付いた人がやる」という曖昧な役割分担で進めていたら、誰が何をどこまでやったかもわからず、ミスが発生するのも当然です。
　そこで、お客様の集中する時間帯は、次のように仕事を分けることにしました。

・レジ打ち　　　1人
・フロア対応　　2人
・テイクアウト　1人

　ただし、常に同じ仕事ばかりしているとスキルが偏ってしまうので、誰がどの担当を行うかは順番に持ち回り制とすることにしました。
　また、「せっかくの機会だから、どれくらい効果が出るのか測ってみよう！」という店長の発案で、次のような項目を測定することにしました。

・オンライン注文の件数（増加率）
・オンライン注文に対する苦情の数（減少率）
・オンライン注文に紐づくミスの数（減少率）

　「Webページへのアクセス数と注文数との関係とかも測ると面白いかも！」…さとし君も、測定して効果を分析することに興味を持ち始めたようです。
　こうして、喫茶ブギの改革が始まりました。まだスタートラインに立ったばかりですが、より良いサービスを提供するために知恵を出し合うカルチャは、既に従業員全員に育まれつつあるようです。喫茶ブギの今後の改革が楽しみです！

この章のまとめ

☐ 顧客は誰か?

「顧客が誰なのか」を定義することから始める。

☐ 顧客の声を拾う

顧客にとって何が価値なのかは、顧客の声を聞かなくてはわからない。

☐ VSMを作る

顧客にとって価値（Value）を生み出すためのプロセスの流れ（Stream）を図（Map）に表し、それを洗練させると、顧客に良い価値を早く届けることができる。

☐ インソース?アウトソース?

ソーシング（調達）戦略を考え、サプライヤやパートナも含めた統合的な管理を行う。

☐ 価値を生み出し続ける組織を作る

組織構造と役割やコンピテンシーを決め、要員計画を立てて適切な人材を採用する。また、採用後の人材育成も行い、従業員満足度の管理、測定と報告の仕組み等を作り、改善し価値を生み出し続ける組織を作る。

☐ チームカルチャを醸成する

サービス組織として適切なカルチャを作り、従業員のカルチャ・フィット（文化適合）を推進する。

第4章

利害関係者の価値を
ドライブする

ー 利害関係者全員にとって価値が出るサ　ビスを創るー

DSV
Drive Stakeholder Value

顧客だけではなく、サービスに関わる利害関係者が価値を得られるようにするには、それぞれの立場でどのように考え行動するかを理解することが大切です。本章では、そのための一つの手法としてまとめられた「ITIL版カスタマ・ジャーニー」について紹介します。

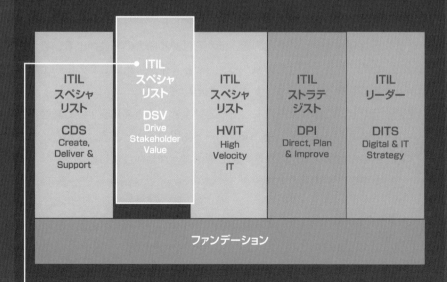

ITIL スペシャ リスト	ITIL スペシャ リスト DSV Drive Stakeholder Value	ITIL スペシャ リスト	ITIL ストラテ ジスト	ITIL リーダー
CDS Create, Deliver & Support		HVIT High Velocity IT	DPI Direct, Plan & Improve	DITS Digital & IT Strategy
ファンデーション				

└─ この章の解説範囲

ケーススタディ

「スーパーサトウ」は、群馬県を中心に展開しているチェーン店です。数年前から東京にも 1 店舗出店しました。しかし、東京支店は近所に乱立する大手スーパーの勢いに押され、厳しい状態が続いています。そこで東京店の支店長は、次のような施策を打ちながら、細々と経営を続けてきました。

- ・市場からの新鮮で安い野菜や果物、肉、海産物の買い付け
- ・通路を狭くして、必要最小限の売れ筋商品に絞って店舗の維持費用を圧縮
- ・従業員も最少人数で運営
- ・来店ごとにハンコを押して、100ポイント貯まれば100円割引チケットがもらえる紙のポイントカードを付与してリピートを促進

「コスト削減」の施策が中心なので、近所に大手スーパーができて客足が一時的に遠のいても、一気に赤字になって倒産する恐れはほぼありません。また、スーパーサトウは「安さ」を売りとしており、大手スーパーに比べて相対的に商品額が安いため、一時的にお客様を奪われたとしても、しばらくすると安価な商品を求めるお客様が戻ってきてくれるのが常でした。

このような経営を行ってきたので、薄利ではあるものの利益が出ている状態が続いていたのですが、本社の役員から「せっかく東京に出店したのに売上が伸びない」と毎回指摘されるのが、支店長の悩みの種です。

そのような状況の中、スーパーサトウでは全社（全店舗）を上げてお客様アンケートをとることになりました。アンケート結果を見たところ、なんと、お店に対するイメージは東京支店が群を抜いて悪いことがわかりました。

主だった意見は次の通りです。

- ・店舗が狭い、暗い、汚い、動線が悪くて歩きにくい
- ・品揃えが悪い、どこに何があるかわかりにくい

・今どき「紙のポイントカード」は古い

・従業員が暗い

・野菜が安すぎてありがたいが、生産農家を買いたたいているんじゃないかと思う

　特に「従業員が暗い」という意見が気になり、支店長は従業員の満足度調査を行いました。驚いたことにと言うべきか、やはりと言うべきか、従業員満足度もかなり低いものでした。

　支店長は「変わらなくてはいけない」と思いました。ただ、何をすればよいか良い案が思いつきません。

　そこで、支店長は、従業員の中でリーダークラスのメンバー数名を集め、「新生スーパーサトウ　東京店」として生まれ変わるために何をすればよいか、アイデアを出してほしいと依頼したのでした。

　どんなサービスを提供するにせよ、利害関係者全員にとって価値がなければ、そのサービスは長続きしません。では、支店長は一体どうすればよいのでしょうか。

　本章ではそのための主要なポイントについて解説していきます。

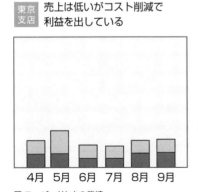

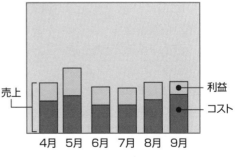

図 スーパーサトウの業績

4.1 「利害関係者の価値をドライブする」とは?

　「利害関係者の価値をドライブする（＝DSV)」とは、サービスに関わる利害関係者の誰もが、サービスを通して価値を得られるよう牽引していくことを指します。

　従来は「顧客に価値を提供する」ことがサービスであるとされており、顧客にスポットライトが当たっていました。しかし、顧客だけに価値があっても、他の利害関係者（サービス・プロバイダやサプライヤなど）にとって価値がなければ、そのサービスは遠からず破綻してしまいます。

　昨今はSDGsに代表されるように「持続可能性」への注目が高まっており、サービスについても同じような観点が盛り込まれるようになりました。

1 「利害関係者」とは誰のことか?

ITIL 4では、サービスの利害関係者の代表的なものとして以下を挙げています。

　・サービス消費者（ユーザ、顧客、スポンサ）
　・サービス・プロバイダ
　・パートナ、サプライヤ
　・株主、従業員、コミュニティ等

　もちろんサービスによって登場人物は変わりますが、顧客だけでなくサービス・プロバイダやサプライヤ等、サービスを提供する側も含まれていることがポイントです。これらの利害関係者にとって価値があり、互いにWIN-WINの関係でいられるようなエコシステムを作ることが、持続可能なサービスと言えます。第2章で紹介したSVS（サービスバリュー・システム）は、このエコシステムのコンセプトを表現していると言えるでしょう。

2 「カスタマ・ジャーニー」の重要性

　サービスの価値を考える際に、「何を提供するか」と同じくらい重要な視点が、「どのように提供するか」です。それは、サービスの「有用性」に対する「保証」で表現

することも可能ですが、本章ではより広い観点で「サービスそのもの」に対する「カスタマ・ジャーニー」として捉えています。

「カスタマ・ジャーニー」とはそもそもマーケティング用語で、一般的には次のように定義されています。

KeyWord

カスタマ・ジャーニー

商品やサービスの販売促進において、その商品・サービスを購入または利用する人物像（ペルソナ）を設定し、その行動、思考、感情を分析し、認知から検討、購入・利用へ至るシナリオを時系列で捉える考え方である。

出典：Wikipedia （2022年1月現在）

上記の定義通り、カスタマ・ジャーニーとは消費者の購買行動プロセス（商品を認知してから購入に至るまでの過程）を「旅（ジャーニー）」に例え、「認知」→「検討」→「購入」→「利用」というようにステージに分けて、顧客の行動やタッチポイント（顧客接点）、感情や思考等を分析していく考え方を指します。

ITIL 4ではこの考え方を元に、サービスについての汎用的なカスタマ・ジャーニーを次のようにまとめています。

KeyWord

カスタマ・ジャーニー

サービスの顧客が1つまたは複数のサービス・プロバイダおよび／またはその製品との間で、タッチポイントおよびサービスのやり取りを通じて体験する、全てのエンド・ツー・エンドの体験。

出典「ITIL 4 マネージング プロフェッショナル移行　用語集／重要用語」

ITIL 4が提唱するサービスのカスタマ・ジャーニーのステージは次の通りです。

- 探求 : 市場を理解する＆利害関係者を理解する
- エンゲージ : 関係を発展させる
- 提案 : 需要を具体化する＆サービス提供物を具体化する
- 合意 : 期待を調整し、サービスに合意する
- オンボード（またはオフボード）: ジャーニーに乗船（または下船）する
- 共創 : サービスを提供する＆サービスを消費する
- 価値の実現 : 価値を得たか＆提供できたかを確認し、さらに改善する

これを見ればわかる通り、顧客がサービスに出会い、そのサービスを利用し、リピートし、利用を中止するまでは長い旅路です（図4-1）。

したがってサービス・プロバイダは、サービスを創って提供することだけではなく、より広い視野で、顧客の目線になってどのようにしてサービスに出会って利用するのか、どこで中止しようと判断するのかを考える必要があります。また、顧客だけが旅をしているわけではなく、サービス・プロバイダ側も旅をしています。さらに言えばパートナやサプライヤ側の旅もありますから、それらが接し、適切な関係性を保ち、価値を共創できる状況がベストと言えるでしょう。

なお、ITIL 4では、「顧客」と「サービス・プロバイダ」の二者に絞り、個々のステージで実施すべきことや気を付けるべきこと、参考情報などがまとめられていますが、これは「パートナ、サプライヤ」にも応用して使えるようになっています。そこで、以降の解説では、カスタマ・ジャーニーを「顧客」「サービス・プロバイダ」「パートナ、サプライヤ」の3者の目線で辿りながら、旅の各ステージについて紹介していきましょう（簡便性のため、以降の解説では「パートナ、サプライヤ」を「サプライヤ」と省略して表記します。また、サービス消費者と同じ組織内か別組織かによって、サービス・プロバイダを「内部」と「外部」の2パターンに分けています）。

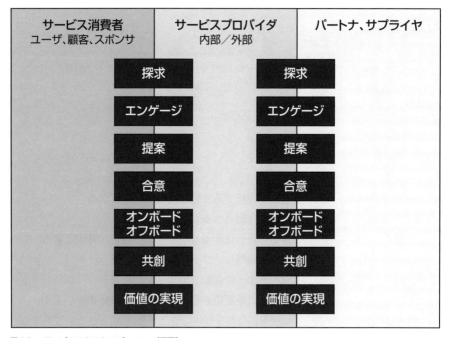

図4-1　サービスのカスタマ·ジャーニー（概要）

4.2 カスタマ・ジャーニー①
探求

　カスタマ・ジャーニーの最初のステップ「探求」は、自分にとってベストな製品、サービス、プロバイダ、顧客、市場を探すステージです。具体的には表4-1のような作業が必要となります。

顧客	サービス・プロバイダ	サプライヤ
サービス・プロバイダとそのサービスを知り、適切なサービス・プロバイダを見つける	市場と顧客とそのニーズを知り、対象市場や対象顧客を決める。サプライヤやその製品やサービスを知り、適切なサプライヤを見つける	市場と顧客（サービス・プロバイダのこと）とそのニーズを知り、対象市場や対象顧客を決める

表4-1　「探求」で行う作業

　では、それぞれの視点でこのステージで実施することを見ていきましょう。

❶顧客

≫ 状況

- ・事業戦略が決まり、それを実現するためのITとデジタル分野についてアウトソースすべきかインソースすべきか検討している
- ・アウトソースする際には適切なアウトソース先を選定したいが、社内にそのアウトソース先を管理できるメンバーがいるのか、または人材を育成したほうがよいのかの判断がつかない

≫ すべきこと（例）

- ・ソーシング戦略を立てる（コスト、リスク、社員の育成、カルチャなど様々な観点から、インソースするかアウトソースするかを決める）
- ・社内リソースを調査、評価する
- ・（アウトソーシングする場合は）対象分野の市場調査を行い、どのようなサービスがあるのか、どのようなサービス・プロバイダがいるのかを把握する

❷内部サービス・プロバイダ（社内の情報システム部門など）

>> 状況

・顧客は社内の事業部門なので探求する必要はない（が、社内の事業部門が今後も顧客であり続けるかどうかはわからない）

>> すべきこと（例）

・事業戦略を入手、理解し、自分達がどこで貢献できるか、デジタル＆IT戦略や人材育成戦略等を検討する

❸外部サービス・プロバイダ

>> 状況

・新規顧客に対して：サービスを開発中またはリリース済みで、新規市場、新規顧客を探し求めている
・既存顧客に対して：既に顧客を見つけており、サービスを提供中なので探求する必要はない（が、今後も引き続き契約を継続してもらいたい）

>> すべきこと（例）

・新規開拓のための市場調査を行う
・マーケティングと営業活動を強化する
・既存顧客の今後の事業戦略や、現在契約中のサービスの今後の利用予定について情報を入手し、必要に応じて対策を打つ

❹内外サービス・プロバイダ（サプライヤに対して）

>> 状況

・アウトソース先を探している

>> すべきこと（例）

・新規サプライヤに対して：対象分野の市場調査を行い、どのようなサービスがあるのか、どのようなパートナやサプライヤがいるのかを把握する
・既存サプライヤに対して：既に知っているので、基本的に「探求」は不要だが、そのサプライヤがサービス提供を継続する予定かどうかを確認しておく

❺サプライヤ

>> 状況

- ・新規顧客に対して：サービスまたは製品を開発中またはリリース済みで、新規市場、新規顧客（サービス・プロバイダのこと）を探し求めている
- ・既存顧客に対して：既に顧客を見つけていてサービスを提供中なので、探求する必要はない（が、今後も引き続き契約を継続してもらいたい）

>> すべきこと（例）

- ・新規開拓のための市場調査を行う
- ・マーケティングと営業活動を強化する
- ・既存顧客の今後の事業戦略や現在契約中のサービスの今後の利用予定について情報を入手し、必要に応じて対策を打つ

参考

消費者の購買行動（AIDMAの法則とAISASの法則）

消費者の購買行動プロセスとして最も有名なものに「AIDMAの法則」があります。これは、米国のサミュエル・ローランド・ホール氏が、1924年にその著書「Retail Advertising and Selling」の中で提唱したもので、「Attention（注意）」「Interest（興味）」「Desire（欲求）」「Memory（記憶）」「Action（行動）」の頭文字を並べたものです。

同じような考え方に「AISASの法則」があります。インターネット環境下での消費者の購買行動プロセスを「Attention（注意）」「Interest（興味、関心）」「Search（検索）」「Action（行動、購買）」「Share（共有）」に分類してその頭文字を並べたもので、こちらは広告代理店の電通が提唱し、2005年に商標登録されています（AISASは株式会社電通の登録商標です）。これらも、カスタマ・ジャーニーを追求し一般化したものと言えるでしょう。

探求
エンゲージ
提案
合意
オンボード/オフボード
共創
価値の実現

4.3 カスタマ・ジャーニー②
エンゲージ

カスタマ・ジャーニーの2つ目のステップ「エンゲージ」は、相手との関係を良好に保つためのステージです。このステージでは、透明性高く、信頼し合い、理解し合う関係を構築することを目指します。具体的には表4-2のような作業が必要となります。なお、エンゲージ活動はあらゆるステージで行われますが、ITIL 4において「探求」と「提案」の間に設定されているのは、「探求」で見つけた相手との関係構築として重点をおくべきという考えからだと思われます。

顧客	サービス・プロバイダ	サプライヤ
サービス・プロバイダと知り合い、関係を良好にする	顧客と知り合い、関係を良好にする。サプライヤと知り合い、関係を良好にする	顧客と知り合い、関係を良好にする

表4-2 「エンゲージ」で行う作業

では、それぞれの視点でこのステージで実施することを見ていきましょう。

❶顧客

>> 状況

・適切だろうと思われるサービス・プロバイダを「探求」ステージで見つけた。より具体的に何ができそうかを確認したい。また、自分達が求めているサービスを提供してもらえるのか、品質は確かか、他に何ができるのか、きちんと相談できる相手なのかなどを知りたい

>> すべきこと（例）

・新規サービス・プロバイダに対して：まずは話し合いの場を設けて互いを知る。自分達が求めることと相手が提供できることについて情報交換を行うところから始める。必要に応じて信用調査等も行う。また、どのような関係を構築できそうかについても検討する

・既存サービス・プロバイダに対して：これまでの関係を維持するのか、新たな関

係を期待するのかも含め、情報共有と意見交換を行う

❷内部サービス・プロバイダ（社内の情報システム部門など）

>> 状況

・顧客は社内の事業部門なので関係は良いはず（もちろん関係を維持向上したい）

>> すべきこと（例）

・社内ITサービスの月次の運用報告をきちんと行う。その際に一方的に淡々と報告を終わらせるのではなく、一歩踏み込んで、事業の発展や事業戦略の観点から何が必要か、何ができそうかなどの議論を行い、顧客の本音を引き出して建設的な関係を構築する

❸外部サービス・プロバイダ

>> 状況

・新規顧客に対して：「探求」ステージで新規顧客を見つけた。これから関係を構築していきたい

・既存顧客に対して：既に顧客にサービスを提供しており、関係は良い（が、今後も引き続き契約を継続してもらいたい）

>> すべきこと（例）

・新規顧客に対して：顧客と打ち合わせの場を設け、顧客のしたいことや自分達への期待に耳を傾け、自分達は何ができるのかを伝える。不安を払拭できるよう、わかりやすい表現とデータを使用して、説明する。適切なコミュニケーション手段を模索して活用する

・既存顧客に対して：ITサービスの月次の運用報告をきちんと行う。その際に一方的に淡々と報告を終わらせるのではなく、一歩踏み込んで、事業の発展や事業戦略の観点から何が必要か、何ができそうかなどの議論を行い、顧客の本音を引き出して建設的な関係を構築する

❹ 内外サービス・プロバイダ（サプライヤに対して）

>> 状況

・「探求」ステージでアウトソース先を見つけた。これから関係を構築していきたい

>> すべきこと（例）

・新規サプライヤに対して：まずは話し合いの場を設け、互いを知る。自分達が求めることと相手が提供できることについて情報交換を行うところから始める。必要に応じて信用調査等も行う。また、どのような関係を構築できそうかについても検討する

・既存サプライヤに対して：これまでの関係を維持するのか、新たな関係を期待するのかも含め、情報共有と意見交換を行う

❺ サプライヤ

>> 状況

・新規顧客に対して：「探求」ステージで新規顧客（サービス・プロバイダのこと）を見つけた。これから関係を構築していきたい

・既存顧客に対して：既に顧客にサービスを提供しており、関係は良い（が、今後も引き続き契約を継続してもらいたい）

>> すべきこと（例）

・新規顧客に対して：顧客と打ち合わせの場を設け、顧客のしたいことや自分達への期待に耳を傾け、自分達は何ができるのかを伝える。不安を払拭できるよう、わかりやすい表現とデータを使用して説明する。適切なコミュニケーション手段を模索して活用する

・既存顧客に対して：ITサービスの月次の運用報告をきちんと行う。その際に一方的に淡々と報告を終わらせるのではなく、一歩踏み込んで、事業の発展や事業戦略の観点から何が必要か、何ができそうかなどの議論を行い、顧客の本音を引き出して建設的な関係を構築する

サービス関係の種類（サプライヤのカテゴリ）について

サービス消費者（顧客）とサービス・プロバイダの関係のことを「サービス関係」と呼びます。この「サービス関係」は1対1で終わるものではありません。サービス・プロバイダはサプライヤから見ればサービス消費者に当たるというように、順繰りにつながっています。

さて、「エンゲージ」ステージは、顧客とサービス・プロバイダとの関係や、サービス・プロバイダとサプライヤとの関係を良好に保つステージですが、この「関係」にはいくつかの種類があります。ITIL 4では、次の3種類が紹介されています。

・基本的な関係

　通常標準的な製品やサービスを取り扱うサービス・プロバイダやサプライヤとの関係に多い。サービス内容はシンプルでわかりやすいが、提供側の決めた内容や条件や価格での提供となり、効率を重視するサービス提供となる。深い信頼関係の構築には至らない。

・協力的な関係

　顧客のニーズに合わせてテーラリング（カスタマイズ）したサービスを提供するサービス・プロバイダやサプライヤとの関係に多い。顧客の成果につながるようなサービス提供を目指してくれるため、顧客も自分達の要望、課題など情報を共有する信頼関係が構築される。

・パートナーシップ

　顧客とサービス・プロバイダが戦略を共有し、共通の目標に向かってほぼ一体となって考え、相談し、実行するような深い信頼関係を長期において維持する。

上記のどの関係が正しいというわけではありません。ただ、このような切り分けを知っておくことは、今後のサプライヤ戦略を検討する際に、現状の各サプライヤとの関係を分析するのに有用です。また、サプライヤから見ても、顧客（サービス・プロバイダ）から見た自身の位置付けを把握し、今後どのような関係になりたいかの戦略を立てるのに有用となります。

なお、ITIL V3では、これに近いものとして、顧客やサービス・プロバイダから見たサプライヤを次の4つのカテゴリに分ける考え方が紹介されており、上記同様に参考になります。

・汎用的サプライヤ（「基本的な関係」の中でも替えがきくサプライヤ）
・運用上のサプライヤ（「基本的な関係」に相当する）
・戦術的サプライヤ（「協力的な関係」に相当する）
・戦略的サプライヤ（「パートナーシップ」に相当する）

4.4 カスタマ・ジャーニー③ 提案

カスタマ・ジャーニーの３つ目のステップ「提案」は、自分が求めるものを明示し、それに対して適切な提案を行うステージです。具体的には表4-3のような作業が必要となります。

顧客	サービス・プロバイダ	サプライヤ
求めるサービスについて要件を明示し、サービス・プロバイダからの提案を受け取る	市場と顧客からの需要と機会を把握し、顧客からの要件を元に提案を行う。求めるサービスについて要件を明示し、サプライヤからの提案を受け取る	市場と顧客（サービス・プロバイダのこと）からの需要と機会を把握し、顧客からの要件を元に提案を行う

表4-3　「提案」で行う作業

では、それぞれの視点でこのステージで実施することを見ていきましょう。

❶顧客

≫状況

・「エンゲージ」ステージで信頼できると感じたサービス・プロバイダに、サービスの提案をお願いしたい

≫すべきこと（例）

・具体的に何を求めているのかを伝え、提案を依頼する
・不明点についてサービス・プロバイダから質問があれば丁寧に答える

❷内部サービス・プロバイダ（社内の情報システム部門など）

≫状況

・顧客から提案依頼が来た

>> すべきこと（例）

- ・どのようなサービスを提供できるか、コストとリスクも含めて提案する
- ・顧客自身が認識していないユーザからの需要や外的要因なども加味する

❸外部サービス・プロバイダ

>> 状況

- ・顧客から提案依頼が来た

>> すべきこと（例）

- ・どのようなサービスを提供できるか、コストとリスクも含め提案する
- ・外的要因や、これまでの他社経験などから想定できるユーザ需要なども加味する

❹内外サービス・プロバイダ（サプライヤに対して）

>> 状況

- ・「エンゲージ」ステージで信頼できると感じたサプライヤに、サービスの提案をお願いしたい

>> すべきこと（例）

- ・具体的に何を求めているのかを伝え、提案を依頼する
- ・不明点についてサプライヤから質問があれば丁寧に答える

❺サプライヤ

>> 状況

- ・顧客（サービス・プロバイダのこと）から提案依頼が来た

>> すべきこと（例）

- ・どのようなサービスを提供できるか、コストとリスクも含め提案する
- ・外的要因や、これまでの他社経験などから想定できるユーザ需要なども加味する

4.5 カスタマ・ジャーニー④ 合意

　カスタマ・ジャーニーの4つ目のステップ「合意」は、提案を元に（必要に応じて調整や変更を行い）両者が合意するステージです。具体的には表4-4のような作業が必要となります。

顧客	サービス・プロバイダ	サプライヤ
サービス・プロバイダと SLAに合意する	顧客とSLAに合意する サプライヤと契約書に合意する	顧客（サービス・プロバイダのこと）と契約書に合意する

表4-4　「合意」で行う作業

　では、それぞれの視点でこのステージで実施することを見ていきましょう。

❶顧客

≫ 状況
- ・「提案」ステージで提案された内容でサービスを提供してもらいたい

≫ すべきこと（例）
- ・合意内容を厳密に詰め、合意する（外部サービス・プロバイダの場合は契約）

❷内部サービス・プロバイダ（社内の情報システム部門など）

≫ 状況
- ・顧客から合意する旨の返事が来た

≫ すべきこと（例）
- ・サービスの保証レベルについて顧客と詰め、SLAに合意する

❸外部サービス・プロバイダ

>> 状況

・顧客から合意する旨の返事が来た

>> すべきこと（例）

・サービスの保証レベルについて顧客と詰め、SLAに合意する
・組織が異なるため、契約書の取り交わしも必ず行う

❹内外サービス・プロバイダ（サプライヤに対して）

>> 状況

・「提案」ステージで提案された内容でサービスを提供してもらいたい

>> すべきこと（例）

・合意内容を厳密に詰め、合意・契約する

❺サプライヤ

>> 状況

・顧客（サービス・プロバイダのこと）から提案依頼が来た

>> すべきこと（例）

・合意内容を厳密に詰め、合意・契約する

参考

SLA（サービスレベル・アグリーメント）と契約と利用規約

一般的に、「SLA」はサービスのレベルについて顧客とサービス・プロバイダとの間で結ばれる合意文書です。内部サービス・プロバイダの場合は同じ組織内（社内）の合意となりますが、外部サービス・プロバイダの場合は異なる組織間の合意となるため、「契約」に紐づく覚書のような位置付けとなります。また、一般消費者向けのサービスの場合は、一人一人のユーザ（兼顧客、兼スポンサ）とSLAを交渉して合意することは非現実的ですので、「利用規約」という形で、自分達が提供しようと設計したサービスの内容とそのレベルを明示し、その条件に同意するユーザのみサービスを利用可能とする（申し込みをして利用を開始する）のが一般的です。

4.6 カスタマ・ジャーニー⑤ オンボード / オフボード

カスタマ・ジャーニーの5つ目のステップ「オンボード/オフボード」は、サービスの提供と利用の開始／終了を準備するステージです。具体的には表4-5のような作業が必要となります。なお、オンボード/オフボードの「ボード」は船のことを指します。船に乗って旅に出るわけですが、その旅の最初の乗船のことをオンボードと呼びます。船の利用者がスムーズに乗船できると、その後の船旅も快適になります。また、オフボードは下船することを指しています。

顧客	サービス・プロバイダ	サプライヤ
ユーザがサービスの利用を開始／終了できるように準備し、進める	サービス・プロバイダがサービス（サプライヤから調達しているサービスも含め）の提供を開始／終了できるように準備し、進める	ユーザまたはサービス・プロバイダがサービスの提供を開始／終了できるように準備し、進める

表4-5　「オンボード/オフボード」で行う作業

では、それぞれの視点でこのステージ（オンボード）で実施することを見ていきましょう。

❶顧客

>> 状況

- ・「合意」ステージで合意したサービスの利用を開始したい

>> すべきこと（例）

- ・ユーザのトレーニングを計画し、実行する
- ・ユーザへの適切なアカウント、アクセス権、デバイス等を付与する
- ・サービス・プロバイダ（必要に応じてサプライヤも）への適切なアクセス権の付与や、セキュリティカードの発行を行う

❷内外サービス・プロバイダ

>> 状況

・「合意」ステージで合意したサービスの提供を開始したい

>> すべきこと（例）

・オンボード計画を作成し、実行する
・オンボードの目的と目標、対象範囲、対象者、オンボード活動、責任者、スケジュール等を計画する（上記の「ユーザのトレーニング」などもオンボード活動の一つ）
・計画内容を、顧客を含む利害関係者に説明し、合意・承認する
・計画に従って進捗管理と調整を行う

❸内外サービス・プロバイダ（サプライヤに対して）

>> 状況

・「合意」ステージで合意したサービスの利用を開始したい（または顧客への提供を開始してほしい）

>> すべきこと（例）

・オンボード計画を説明し、協力を依頼する
・サプライヤが提供するサービスの範囲について、オンボード計画に不足事項や補足事項があれば指摘してほしい旨を依頼する

❹サプライヤ

>> 状況

・「合意」ステージで合意したサービスの提供を開始したい

>> すべきこと（例）

・サービス・プロバイダの作成したオンボード計画に不足事項や補足事項があれば指摘し、より精度の高いオンボードができるよう協働する
・サービス・プロバイダの作成したオンボード計画に則り、サービスの提供を開始する

オフボードについて

オフボードも基本的にはオンボードと同じで、計画を立てて実行します。これまで利用していたサービスを終了する際に発生しますが、多くの場合はサービスを切り替えることになるので、オンボードとオフボードが同時に実施されることが多いです。

特にオフボードの際に気を付けなくてはいけないのが、情報セキュリティとIT資産です。例えば、次のような点に留意しましょう。

・使用しなくなったアカウントは無効にしたか
・PC等のデバイスの変更に伴い、使用していたソフトウェア・ライセンスは引き継いだか
・廃棄したハードウェア内のデータは削除したか

上記のような点を踏まえ、「情報セキュリティ管理」プラクティスや「IT資産管理」プラクティスを参考にしっかり管理しましょう。また、サービスデスクでいつまでオフボード対応を行うかなども決めておくとよいでしょう。

4.7 カスタマ・ジャーニー⑥ 共創

カスタマ・ジャーニーの6つ目のステップ「共創」は、ともにサービスの価値を生み出すステージです。具体的には表4-6のような作業が必要となります。

顧客	サービス・プロバイダ	サプライヤ
ユーザがサービスを利用し、サービス・プロバイダにフィードバックする	サービスを提供し、フィードバックを元に改善する。サプライヤから提供されるサービスを利用し、その結果や感想をユーザの声も含め、サプライヤにフィードバックする	サービスを提供し、顧客（サービス・プロバイダのこと）からのフィードバックを元に改善する

表4-6　「共創」で行う作業

では、それぞれの視点でこのステージで実施することを見ていきましょう。

❶顧客

>> 状況

・「オンボード」に成功したユーザがサービスの利用を開始した

>> すべきこと（例）

・サービスを利用し、フィードバックする
・必要に応じて、ユーザコミュニティを立ち上げることもある

❷内外サービス・プロバイダ

>> 状況

・「オンボード」に成功したユーザがサービスの利用を開始した
・「オンボード」に成功したメンバーがサービスの提供を開始した

>> すべきこと（例）

・サービスを確実に提供し、しっかりとサポートしてユーザとのエンゲージを高める（ユーザコミュニティの立ち上げと運営の支援を行うこともある）

・ユーザからのフィードバックを元に、サービスを改善する

・サービスの運用状況を定期的に顧客へ報告し、改善についての報告や議論を行って顧客とのエンゲージを高める

❸内外サービス・プロバイダ（サプライヤに対して）

>> 状況

・「オンボード」に成功したユーザがサービスの利用を開始した

・「オンボード」に成功したサービス・プロバイダのメンバーが利用を開始した

>> すべきこと（例）

・サプライヤのサービスを利用し、フィードバックする

・サプライヤのサービスについてのユーザからのフィードバックを、サプライヤへ共有する

・サプライヤが関わるサービスについて、改善できることはないかをサプライヤと議論する

❹サプライヤ

>> 状況

・「オンボード」に成功したユーザ（サービス・プロバイダのメンバーを含む）がサービスの利用を開始した

・「オンボード」に成功したメンバーがサービスの提供を開始した

>> すべきこと（例）

・サービスを確実に提供し、しっかりサポートし、ユーザおよびサービス・プロバイダとのエンゲージを高める

・ユーザおよびサービス・プロバイダからのフィードバックを元に、サービスを改善する

・サービスの運用状況を定期的にサービス・プロバイダへ報告し、改善についての報告や議論を行い、サービス・プロバイダとのエンゲージを高める

カスタマ・ジャーニー⑦

価値の実現

カスタマ・ジャーニーの7つ目のステップ「価値の実現」は、利害関係者が期待し計画していた価値が実現されたかを追跡、分析、評価するステージです。具体的には表4-7のような作業が必要となります。

顧客	サービス・プロバイダ	サプライヤ
サービス・プロバイダからの報告書も参考にして、利用したサービスについての投資対効果を分析する（見えないコストや定性的な効果も含める）	SLAに基づく報告書（合意目標についての達成状況や事業成果への貢献等）を作成し顧客に提出する。サプライヤからの報告書も参考にして、発生したコストや問題とメリットをまとめる。利用したサプライヤのサービスについての投資対効果を分析する（見えないコストや定性的な効果も含める）	サービス・プロバイダとの契約に基づく報告書（合意目標についての達成状況や事業成果への貢献等）を作成し顧客に提出する。発生したコストや問題とメリットをまとめる

表4-7 「価値の実現」で行う作業

では、それぞれの視点でこのステージで実施することを見ていきましょう。

❶顧客

>> 状況

・サービスを利用しているが、投資しただけの効果があったのか知りたい

>> すべきこと（例）

・サービス利用にかかっているコストとサービス利用で得られた便益を洗い出し、比較する

・コストには、サービス・プロバイダに支払った対価だけでなく、サービスの利用のために追加でかかったコストや、インシデント発生時にサービスが使えなかった間の工数なども加味する

・便益には、直接的に得られた事業成果だけでなく、株価の上昇や市場からの評価の向上、全体的な労働生産性の向上、従業員のITリテラシーの向上、モチベーションの向上、組織横断的なコラボレーションの向上なども加味する

❷内外サービス・プロバイダ

>> 状況

- ・顧客にサービス利用の投資対効果を報告し、関係の維持と次期提案につなげたい

>> すべきこと（例）

- ・SLAに基づき、合意目標の達成度を報告する
- ・サービスの事業成果への貢献について報告する
- ・安定運用できている場合は、他社のインシデント事例等を元に自社で同様のインシデントが発生した場合の悪影響（ユーザの業務が止まることによる被害、機会損失、悪評、株価の下落等）を算出し、それだけのリスクを予防していることを説明することも有用となる
- ・改善活動の内容と効果について報告する
- ・ユーザ満足度調査やユーザからの声をまとめ、報告する

❸内外サービス・プロバイダ（サプライヤに対して）

>> 状況

- ・サプライヤのサービスを利用しているが、投資しただけの効果があったのか知りたい

>> すべきこと（例）

- ・サービス利用にかかっているコストとサービス利用で得られた便益を洗い出し、比較する
- ・コストには、サプライヤに支払った対価だけでなく、サービスの利用のために追加でかかったコストや、インシデント発生時にサービスが使えなかった間の工数なども加味する
- ・便益には、直接的に得られた事業成果だけでなく、株価の上昇や市場からの評価の向上、全体的な労働生産性の向上、従業員のITリテラシーの向上、モチベーションの向上、組織横断的なコラボレーションの向上なども加味する
- ・ユーザに直接提供しているサービスについては、ユーザからのフィードバックや事業成果への貢献も加味する

❹ サプライヤ

≫ 状況

- ・顧客（サービス・プロバイダのこと）にサービス利用の投資対効果を報告し、関係の維持と次期提案につなげたい

≫ すべきこと（例）

- ・契約に基づき、合意目標の達成度を報告する
- ・サービスの事業成果への貢献について報告する
- ・安定運用できている場合は、他社のインシデント事例等を引き合いに出し、それだけのリスクを予防していることを説明することも有用となる
- ・改善活動の内容と効果について報告する
- ・ユーザ満足度調査やユーザからの声をまとめ、報告する

Column

サービスのROI（投資対効果）

サービスが本当に投資しただけの価値や効果があったのかを確認するのは非常に難しいです。ですから、「誰にとっての価値か」「何を以て価値とするか」を決める必要があります。

● 誰にとっての価値か

顧客にとって価値がなければそもそもサービスですらありませんから、まずは顧客を考えることは重要です。しかし、サービス・プロバイダやサプライヤも含めた「利害関係者」にとって価値があることも、「持続可能性」の観点から大切だということは、本章の冒頭でも紹介した通りです。

● 何を以て価値とするか

顧客が求める価値は、時間とともにどんどん変わります。だからこそ常に「『今』何を価値と感じるか」「『今』サービスを使ってどう感じたか」のフィードバックを得ることが大切です。また、第3章で紹介した「有用性」と「保証」の観点も、合意したサービス内容とレベルを満たすという観点からは測定し分析すべきでしょう。

一方、サービス・プロバイダ自身はどうでしょう。サービスを創って提供することを通して、自分達の成功と成長が得られることこそ、サービスの価値と言えるのではないでしょうか。それを検討し、分析するための手法としては、第7章で紹介する「バランス・スコアカード」（P.194参照）をおすすめします。

後日譚 〜DSVで解決！〜

「スーパーサトウ 東京店」が生まれ変わるための取り組みが始まりました。リーダー達は部屋に集まり、「新生スーパーサトウ 東京店」として何を目指すべきかを話し合いました。合言葉は「スーパーサトウから超サトウへ！」です。

「今までのやり方って、自分達を守ってはいたけど、ジリ貧だよね」
「でも、攻めすぎて短期で失速するのも避けたいよな」
「お客様に喜んでもらってリピートしてもらうのは当たり前だけど、自分達も楽しく仕事したい！」
「あと、農家さんとか酪農家さんとか漁師さんとか、関係する人みんなも儲かるような仕組みにしたいなぁ」

長期的な視点で、持続可能なエコシステムを目指す意見が次々と出てきます。
現状打開の第一歩として、まずはスーパーサトウの提供するサービスの利害関係者を洗い出すことから始めました。そして、個々の利害関係者が求めていることは何か、どうすればそれぞれが価値を得られるようになるかを徹底的に話し合いました。

・利用者は安いだけではなく、店内の歩きやすさ、商品の見つけやすさ、清潔感、従業員の対応、大型店の提供する利便性（クレジットカードや購入履歴と連動して特典を得られるポイントカード等）も求めている
・卸売市場、農家、酪農家、漁師、各種メーカーは、安定的な収入を求めている
・スーパーサトウの従業員は、お客様の笑顔、自信を持ってお客様を迎えることのできる店舗、おすすめできる商品やサービスを用意したいと考えている。また効率的な仕事もしたい（今は無駄が多い）と感じている

これらの条件を満たすにはどうしたらよいのか？毎日のように議論は続きます。
その結果、少しずつ改善を重ね、１年も経つと、本当にスーパーサトウは「超

サトウ」へと生まれ変わっていきました。

　まず、これまで狭かった店内を改装してより広くし、動線もすっきりさせました。これによって、利用客がストレスなく商品を見て回ることができるようになりました。陳列棚もわかりやすく整理され、自分が欲しい商品がどこにあるのかすぐに見つけることができます。商品の説明用のポップもわかりやすく、食品コーナーに設置されている液晶ディスプレイには、販売されている食材を活用したレシピ動画も流すようにしました。

　紙のポイントカードも撤廃し、専用の機械で入金すればプリペイドカードとしても使える電子カードに変更しました。このカードには、レジでスキャンすると購入金額に応じたポイントが付いたり、スマートフォンに専用アプリケーションをインストールすればキャラクターがお得情報やおすすめ商品を教えてくれたり、ゲーム参加でポイントが貯まったりするなど、様々な工夫を凝らされています。顧客のリピートを促しファンになってもらうような仕掛けがなされていると同時に、購入履歴がカード単位で把握できるようになったので、来店日時や購買商品の内容などを分析し、今後の仕入れやキャンペーンや事業予測に役立てることができるようになりました。

　また、仕入れの方式も変更しました。これまでは卸売市場に赴き、その時々で安いものを仕入れるという方針でしたが、生産者と年間契約を結び、日々の採れ高に左右されずに安定的な金額で買い取るようにしました。これによって、生産者も従業員も安心して仕事に集中できるようになり、質の良い商品を安い価格で安定的に提供できるようになったのです。

　今では、スーパーサトウ東京店の従業員も、お客様も、取引のある生産者も、みんな笑顔で働いています。また、関係者が一丸となり、「もっとより良くするには何をしよう？！」とワクワクしながら働けるようになりました。まさしく、みんなが目指した「新生スーパーサトウ 東京店」に生まれ変わったのです。

この章のまとめ

☐ 利害関係者とは誰か?

サービス消費者（ユーザ、顧客、スポンサ）、サービス・プロバイダ、パートナ、サプライヤ、株主、従業員、コミュニティ等、サービスに関わるあらゆる人。利害関係者にとって価値があるサービスを目指すと、持続可能なサービスとなる。

☐ カスタマ・ジャーニーとは?

一般的には、消費者の購買行動プロセス（商品を認知してから購入し利用するまで）のステップ。ITIL 4 ではこの考え方を、サービスに応用したステップをまとめている。具体的には「探求」「エンゲージ」「提案」「合意」「オンボード/オフボード」「共創」「価値の実現」の7ステップからなる。

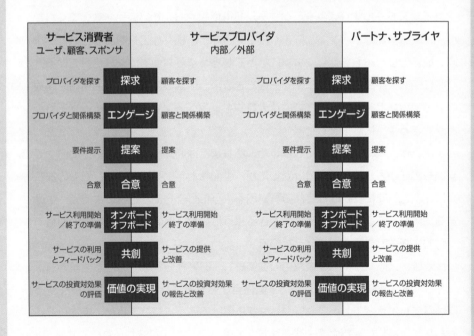

第5章

ハイベロシティIT

－ ITを活用して、速い速度で進化し続ける組織になる －

HVIT
High Velocity IT

変化の速い現代において、顧客に最善の価値を届けるためには、私達自身が常に進化し続けている必要があります。本章では、「進化し続ける組織」となるために必要な振る舞いやモデル、コンセプトについて紹介します。

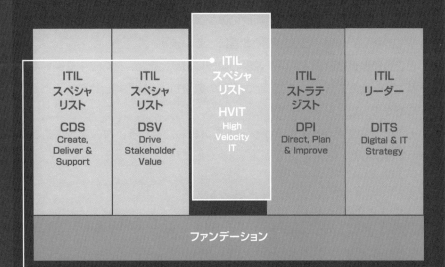

ITIL スペシャリスト	ITIL スペシャリスト	ITIL スペシャリスト	ITIL ストラテジスト	ITIL リーダー
CDS Create, Deliver & Support	DSV Drive Stakeholder Value	HVIT High Velocity IT	DPI Direct, Plan & Improve	DITS Digital & IT Strategy

ファンデーション

この章の解説範囲

ケーススタディ

「ABCゼミナール」は、札幌、東京、名古屋、大阪、福岡を中心に全国に展開する、中学、高校、大学受験対応の進学塾です。2000年の創業以来、現在に至るまでに、全国に30の教室を展開してきました。

全国の教室には、机、椅子、ホワイトボードが用意されており、毎日地元の生徒が通っています。また、最近では事前に収録した参考動画を教室内のプロジェクターで投影するなど、講義の工夫も始まりました。

この「ABCゼミナール」では、創業当初よりITを活用した管理を進めてきました。従業員（講師や事務、営業メンバー）の勤務状況や給与の管理はもちろん、受講生の契約の管理をはじめ、次のような学習状況や講座内容の管理にもITを活用しています。

・出欠状況　・学習の進捗状況　・学力テストの結果　・志望校と成績のギャップ
・過去の全国模試の問題と模範解答　・過去の入試問題と模範解答　・講座内容
・学校ごとの教育方針、入学試験の基準

また、生徒とその保護者に定期的にアンケートを行い、満足度の調査や不満、要望を分析して、サービス改善の参考にしています。

ところが最近は新規入塾者が減少の傾向にあり、また、期の途中で契約を解除する生徒も増えてきています。全国模試の成績も、全国平均と比較すると低下傾向にありました。

そこで、生徒と保護者のアンケートを分析したところ、次のようなことがわかってきました。

・教室の対面式授業よりオンライン授業を受講したい
・いつでも受講や復習ができるe-Learningが欲しい
・通学途中でも手軽に勉強できるスマートフォン対応アプリを用意してほしい

これらを見てみると、ABCゼミナールでは、需要の変化に追いつくことができていない、ということが言えそうです。

　例えば昨今は、PCやスマートフォン等の電子機器とインターネット環境が一般家庭に普及したこと、またプログラミング教育の開始により、ITをこれまで以上に活用したサービス提供が求められています。

　実際、このようなサービスを開始した競合他社も増えてきており、ABCゼミナールとしても、このDX（デジタル・トランスフォーメーション）の波への対応の判断を迫られていると言えるでしょう。

　「より価値の高いサービスを、より迅速に届け続ける組織になるには？！」

　そのヒントが、DXに必須の「ハイベロシティIT」です。

　本章では、このハイベロシティITについて解説していきます。

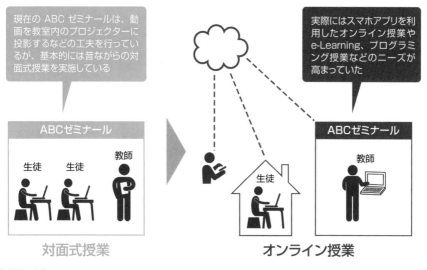

現在の ABC ゼミナールは、動画を教室内のプロジェクターに投影するなどの工夫を行っているが、基本的には昔ながらの対面式授業を実施している

実際にはスマホアプリを利用したオンライン授業やe-Learning、プログラミング授業などのニーズが高まっていた

ABCゼミナール
生徒　生徒　教師
対面式授業

ABCゼミナール
教師
生徒
オンライン授業

図 需要の変化

5.1 「ハイベロシティIT」とは？

「ハイベロシティIT」という言葉は、日本ではまだ一般的な言葉とは言えません。そこで、まずはハイベロシティITとは何かについて紹介します。

1　ハイベロシティとは？

ハイベロシティとは「ハイ（high）」と「ベロシティ（velocity）」の2つの英単語を組み合わせた言葉です。highは「高い、（度合いが）大きい、激しい」という意味、velocityは「速度、速さ」という意味です。

すなわち、「ハイベロシティ」とは速度が非常に速いことを意味します。ここから転じて、非常に速い速度で改善を重ね続け、価値を生み出し続ける組織を「ハイベロシティな組織」と呼びます。

2　ハイベロシティITとは？

ハイベロシティITは、「ハイベロシティ」を「IT（情報技術）」によって実現したり加速したりすることと定義できます。

KeyWord

ハイベロシティIT

重要なビジネスを実現するためにデジタルテクノロジーを適用すること（特に市場投入までの時間、顧客に届けるまでの時間、変更までの時間や、全体的なスピードが重視される分野において）。

※開発スピードの迅速化だけでなく、開発と運用を通じたイノベーションから価値の実現までの過程に欠かせない。

出典「ITIL 4 High-velocity IT」（拙訳）

例えば、冒頭のケーススタディのABCゼミナールでは、「e-Learningで勉強したい」「スマートフォン対応アプリで勉強したい」等の顧客の声をアンケートで集めて認識していますが、その声に迅速に応えることができていませんでした。

このとき、これらの声に応えるサービスを迅速にリリースし、またリリース後も実際に利用した顧客やユーザからさらにフィードバックを受けて、サービスの改善をど

んどん続けていくことが「ハイベロシティIT」の取り組みです。

　すなわち、ハイベロシティITは、「ITを活用して進化し続けること」を指すとも言えるでしょう。

3　ハイベロシティITとDX

　DXとはDigital Transformation（デジタル・トランスフォーメーション）の頭字語であり、ITIL 4では次のように定義されています

KeyWord

DX（デジタル・トランスフォーメーション）

デジタル以外の手段によっては実現できない可能性がある組織の目標を実現するうえで、大きな改善を可能にするデジタル技術を利用すること。

出典「ITIL 4 Digital & IT Strategy」（批訳）

　これは、手作業をITに置き換える「デジタイゼーション」に留まらず、戦略や業務プロセスも含めてデジタルに置き換える「デジタライゼーション」による大きな変換＝「トランスフォーメーション」として、昨今非常に注目されている言葉です（詳細は第7章をご参照下さい）。

　近年は新しい技術が次々に登場し、また顧客が求める価値も常に変化し続けています。このような激しい変化に迅速かつ柔軟に対応するためには、DXが必要であることはもちろん、そのDXを成功させるために、ハイベロシティITであり続けることも大変重要になっています。

　もちろん、世界中のあらゆる組織がDXを採用すべきだということはありませんし、ハイベロシティITであるべきだということもありません。各組織のビジョンや戦略、資金、技術力、文化、リスク選好度、変化への耐性、顧客などに基づき、総合的にDXやハイベロシティITとなることのROI（投資対効果）があるかどうかを分析して判断するべきです。

　しかし、本書を手に取っているみなさんの多くは、DXに取り組もうとしているのではないでしょうか。

　そこでここからは、ハイベロシティITの目標や基本となる考え方、必要となる振る舞いなどについて紹介していきましょう。

5.2 ハイベロシィITの5つの目標

ここからは、ハイベロシティ IT が目指す5つの項目について紹介します。これらの目標はお互いに関係し、影響し合っており、バランスを取る必要があります。

1 価値ある投資

1点目の目標は「価値ある投資」です。ハイベロシティ IT は、デジタルへの投資がビジネス戦略に大きく貢献することを目指します。

●適切な投資判断

デジタルを活用した製品やサービスへの投資を行うべきかどうか、そのROI（投資対効果）の判断を迅速に行い、その投資の効果を継続的に評価すべきです。投資判断のタイミングが早いほど、より競争上の優位性が高まります。ハイベロシティ IT では、IT がビジネスを牽引し実現するので、進化し続ける IT の可能性を継続的に評価することが、戦略的な優位性のために極めて重要です。改善速度の速いハイベロシティであれば、どんどん試しながら経験を基に改善し続けるので、判断も迅速かつ高精度になっていくという好循環が生まれます。

例えば、冒頭のケーススタディに登場したABCゼミナールでは、スマートフォン対応のアプリケーション開発に投資すべきでしょうか？これはIT への投資でもありますが、事業そのものに直結しているので、事業への投資とも言えるでしょう。

●リアルタイムかつ継続的に投資効果を最大化する

DX時代にはこのように、事業と IT がほぼ融合してきます。その判断が遅くなると、競合他社が先んじて同様のアプリケーションを開発し、サービス展開してしまうかもしれません。ですから、まずは最小限の機能を開発してリリースしてしまうほうが、市場でのポジションを取るためには戦略的に得策かもしれません。さらには、一部のユーザに先行して試用版として使ってもらい、感想をフィードバックしてもらって、そのフィードバックを元に軌道修正してからリリースの判断をすべきかもしれません。このように、リリース後もどんどん改善を重ねていきながら、投資対効果を計測し判断し続けることが、戦略に直結していきます。

2 迅速な開発

2点目の目標は「迅速な開発」です。ハイベロシティITでは、製品やサービスを迅速かつ頻繁に、しかも信頼性を確保して実現することを目指します。

どんどん改善するハイベロシティITとは、言い換えると、短い期間で高頻度に価値を届け続けるということです。

従来のウォーターフォール形式での開発では、顧客に届ける価値の全体を端から端まで綿密に設計して開発し、テストも全て完了したうえで届けるという方法を取っていました。これはこれで「完璧な価値を届ける」という意味では間違いではないのですが、形のあるモノよりも使うコトで得られる体験に価値を見出すようになってきた現代、市場が求めるものは「今一番欲しい（価値がある）ものを使いたい」にシフトしてきています。

●迅速かつ頻繁な開発とリリース

現代は「VUCA時代」とも言われます。「VUCA（ブーカ）」とは「Volatility（変動性）」「Uncertainty（不確実性）」「Complexity（複雑性）」「Ambiguity（曖昧性）」のそれぞれの頭文字をとったもので、「不確実性が高く、将来の予測が困難な状況」を示す造語です。このように変化の激しい複雑な時代において、「今一番欲しい（価値がある）もの」を提供するには、設計し始めてから市場や顧客へ届けるまでの時間をなるべく短くする必要があります。

そこで生み出された方法の1つに、複数の小さな単位に分割してインクリメント（増分）を提供するという方法があり、これはアジャイル開発の基本です。

●信頼性の確保

もちろん、迅速かつ頻繁に価値を届けると同時に、信頼性も求められます。従来は「変化が少ないほど安定性へのリスクは低い」という考え方が一般的でしたが、近年は「変更のサイズを小さくすれば、安定性を乱すリスクは低くなる」という考え方が出てきました。変更のサイズを小さくすると、変更の頻度が高くなります。より頻繁に変更することで、変更を行う組織の能力が向上するので、安定性を乱すリスクを低減するというわけです。アジャイル開発の考え方の基本はまさしくこれであり、ハイベロシティITの基本にもなっています。

したがって、「迅速かつ頻繁」と「信頼性」はハイベロシティITにおいて両立します。

3　レジリエント・オペレーション

　3点目の目標は「レジリエント・オペレーション」です。ハイベロシティITでは、製品やサービスの可用性（使いたいときに使えること）の確保を目指します。

　「レジリエント」とは、「柔軟な、弾力性のある、回復力のある」という意味の英単語です。

　ITはますます複雑になっており、その振る舞いの予測や保証ができなくなってきています。周りの環境も変化が激しく、何が起きるかわかりません。そのような状況の中で、私達は不可避な予期できない障害に備えておく必要があります。

　従来は故障の間隔を長くすることに重点が置かれていましたが、近年は、避けられない課題が発生したときに迅速にサービスを復旧させることに重点が置かれています。ハイベロシティITでは、短期間での開発、テスト、デプロイ（展開）、提供（運用）をチームが日々情報共有し、体験し、自分事として捉えながら経験を積んでいくので、課題発生時の復旧を含めたリスク管理能力も高くなります。

MEMO

人工的に障害を引き起こすツール「Chaos Monkey」

2012年にNetflixがオープンソースで公開した「Chaos Monkey」は、人工的にシステム障害を引き起こすツールです。これを利用することで、サービスが耐障害性を持つように作られているかどうかを検証することができます。それだけでなく、障害が発生したときに適切に対応できるかの訓練にも使用することができ、実際に運用している環境（本番環境）でも使用されています。「ユーザがアクセスしている本番環境であえて障害を発生させるなんてありえない！（リスクが高すぎる！）」と思われるかもしれませんが、真の意味でレジリエント・オペレーションを維持し続けるためにはそこまでする必要がある、とも言えます。

別の例で言えば、データセンターの災害対策の訓練では、運用中のシステムを稼働したままの状態でセンターの電源を全て切断し、UPS（無停電電源装置）に自動切り替えができることを確認します。これもまた、「もしものときに本当に大丈夫か、対応できるか、復旧できるか」の確認のために行われているので、目指すところは同じと言えるでしょう。

4　価値の共創

　4点目の目標は「価値の共創」です。ハイベロシティITでは、顧客をはじめ、利害関係者と緊密な協働（コラボレーション）を通して、価値を創造することを目指します。

　第2章でも触れた通り、製品やサービスは、使ってもらって初めて価値が創出されます。

そのためには、ユーザに使い方を理解してもらい、使ってもらうことが第一歩です。しかも、ただ単純に使うだけではなく、使いこなして意思決定や次の行動へとつなげてもらって初めて顧客の事業成果につながり、価値を提供することができます。それを以てフィードバックを受け、より良い価値創出のために改善することができるからです。

また、顧客やユーザだけでなく、その他の利害関係者とも共創しながら、より良い価値の実現のために緊密に協働をしていきます（第3章では、カスタマ・ジャーニーを中心にこのあたりの内容を紹介しています）。

ハイベロシティITでは、利害関係者との「エンゲージ」を重視します。SVC（サービスバリュー・チェーン）活動の1つに「エンゲージ」が定義されているのもこのためです。

5 確実な準拠

5点目の目標は「確実な準拠」です。ハイベロシティITでは、GRC（ガバナンス、リスク、コンプライアンス）に関する企業と規制上の指示に準拠していることを目指します（GRCについてはP.154をご参照下さい）。

ハイベロシティITは、柔軟に変化するからこそリスクを取る場面が多く、相対的にリスクは高くなってしまいます。だからこそ、社内規則や外部規制は順守されなければいけません。

製品やサービスに関わる利害関係者は、ガバナンスのフレームワークの中で適用される制約や行動の仕方を理解しておく必要があります。SVS（サービスバリュー・システム）の要素の1つに「ガバナンス」があるのも（P.44参照）、このためと言えるでしょう。

<table>
<tr><td>5.3</td><td>ハイベロシティITの基本①
リーン</td></tr>
</table>

ハイベロシティITの基本となっている考え方の1つが「リーン」です。本節では「リーン」とは何かについて紹介します。

1　リーンの基本

リーンの基本理念は「付加価値提供」と「継続的改善」の2つです。それぞれを見ていきましょう。

●付加価値提供

「付加価値提供」とは、顧客に「より速く」「より高い」付加価値を提供することに集中するということです。顧客の声に耳を傾け、価値提供に関係のないものは無駄であるため排除・削減し、価値の流れ（バリューストリーム）がよどみなく流れる「フロー」の状態になることを目指します。

●継続的改善

「継続的改善」とは、文字通りずっと改善し続けるということです。したがって、「完成」はありません。問題が発生した場合は、改善できるチャンス（機会）と捉えて取り組み、「完璧」を目指して改善し続けます。なお、改善を続けられる秘訣は、問題を小さい単位に分解して、少しずつ解決することです。

> **MEMO**
>
> **Woven City（ウーヴン・シティ）**
> トヨタ自動車は、ヒト中心の街づくりの実証実験プロジェクトとして、静岡県裾野市に「Woven City」の建設を2021年3月から開始しました。そのコンセプトとして『ヒト中心の街』、『実証実験の街』、『未完成の街』が挙げられていますが、3つ目の『未完成の街』は、まさしく「継続的改善」の考え方そのものと言えます。

2　リーンの歴史

リーン（Lean）は、「無駄のない、贅肉のとれた」という意味の英単語で、顧客価

値創出のために無駄なことを取り除いていくという考え方です。その起源は、実は我が国のトヨタ自動車にあります。同社で実践されてきた「トヨタ生産方式（TPS）」が米国のマサチューセッツ工科大学で研究され、「リーン生産方式（LPS）」として発表され、トヨタ自動車と同じ自動車業界や製造業だけではなく、サービス業や医療など、様々な分野に広まっていきました。

　リーンはIT業界にも広まり、リーンの考え方や手法を活用した事例を発表するサミットが世界規模で開催され、それらの事例をまとめてフレームワーク化した「リーンIT」も発表されました。英語の書籍となりますが、「Lean IT: Enabling and Sustaining Your Lean Transformation 1st Edition」（Steven C Bell、Michael A Orzen著）という書籍も発行されています。

MEMO

TPSとLPS

トヨタ生産方式(Toyota Production System、略称TPS)とは、トヨタ自動車の生み出した、工場における生産活動の運用方式の一つです。第二次世界大戦前の米国の自動車産業におけるライン生産方式などを研究し、豊田喜一郎が提唱していた考えを大野耐一らが体系化したものです。

一方、リーン生産方式(Lean manufacturing、Lean Production System、略称LPS)とは、1980年代に米国のマサチューセッツ工科大学（MIT）の研究者らが日本の自動車産業における生産方式（主にトヨタ生産方式）を研究し、その成果を再体系化・一般化したものであり、生産管理手法の哲学です。リーン生産方式はトヨタ生産方式を研究して編み出された方式であり、MITのジェームズ・P・ウォマック、ダニエル・T・ジョーンズらの著書『リーン生産方式が、世界の自動車産業をこう変える。』(1990年)によって全米に広まりました。

出典：Wikipedia (2022年1月現在)

5.4 ハイベロシティ IT の基本②
アジャイル

ハイベロシティ IT の基本となっている考え方のもう1つが「アジャイル」です。本節では「アジャイル」とは何かについて紹介します。

1 アジャイルの基本

アジャイル（Agile）とは、「俊敏な、機敏な」という意味の英単語です。2001年に、「スクラム」や「XP（Extreme Programming）」をはじめとする軽量開発手法を提唱するソフトウェア・エンジニア達が集まり、自分達が目指し、大切にしている共通の考え方を「アジャイルソフトウェア開発宣言（アジャイルマニフェスト）」として発表しました（図5-1）。同様に、重要な理念として「アジャイル宣言の背後にある原則」も発表されています（図5-2）

2 アジャイルの歴史

アジャイルはソフトウェア開発についての考え方でしたが、ソフトウェアの開発の範囲に留まらず、顧客も含めた組織全体が取り入れるべき考え方と手法として発展していきます。

また、開発と運用の協働（コラボレーション）により、顧客へ価値を迅速かつ柔軟に届ける「DevOps」という考え方へも発展していきました。これらは DX（デジタル・トランスフォーメーション）のために必須の考え方として、注目されています。

アジャイルソフトウェア開発の中で最も普及している手法として、「スクラム（Scrum）」があります。そのスクラムの提唱者の一人であるジェフ・サザーランド氏が着想を得る原点となったのが、日本企業のイノベーションの成功要因を研究した論文です。具体的には、野中郁次郎氏（一橋大学名誉教授、カリフォルニア大学バークレー校特別名誉教授、日本学士院会員）と竹内弘高氏（ハーバード大学経営大学院教授、一橋大学名誉教授、学校法人国際基督教大学理事長）が1980年代に書いた論文「The New New Product Development Game」（1986年、Harvard Business Review）となります。

前節で紹介した「リーン」同様、日本における仕事の仕方や考え方が元となってい

て、DXやハイベロシティITのために必要だということは、実は日本企業はDXするための人や文化という点での素質を以前から持っていると言えるかもしれません。

図5-1　アジャイルソフトウェア開発宣言

URL
https://agilemanifesto.org/iso/
ja/manifesto.html

アジャイルソフトウェア開発宣言

私たちは、ソフトウェア開発の実践
あるいは実践を手助けをする活動を通じて、
よりよい開発方法を見つけだそうとしている。
この活動を通して、私たちは以下の価値に至った。

プロセスやツールよりも個人と対話を、
包括的なドキュメントよりも動くソフトウェアを、
契約交渉よりも顧客との協調を、
計画に従うことよりも変化への対応を、

価値とする。すなわち、左記のことがらに価値があることを
認めながらも、私たちは右記のことがらにより価値をおく。

Kent Beck	James Grenning	Robert C. Martin
Mike Beedle	Jim Highsmith	Steve Mellor
Arie van Bennekum	Andrew Hunt	Ken Schwaber
Alistair Cockburn	Ron Jeffries	Jeff Sutherland
Ward Cunningham	Jon Kern	Dave Thomas
Martin Fowler	Brian Marick	

アジャイル宣言の背後にある原則

私たちは以下の原則に従う：

顧客満足を最優先し、
価値のあるソフトウェアを早く継続的に提供します。

要求の変更はたとえ開発の後期であっても歓迎します。
変化を味方につけることによって、お客様の競争力を引き上げます。

動くソフトウェアを、2-3週間から2-3ヶ月という
できるだけ短い時間間隔でリリースします。

ビジネス側の人と開発者は、プロジェクトを通して
日々一緒に働かなければなりません。

意欲に満ちた人々を集めてプロジェクトを構成します。
環境と支援を与え仕事が無事終わるまで彼らを信頼します。

情報を伝えるもっとも効率的で効果的な方法は
フェイス・トゥ・フェイスで話をすることです。

動くソフトウェアこそが進捗の最も重要な尺度です。

アジャイル・プロセスは持続可能な開発を促進します。
一定のペースを継続的に維持できるようにしなければなりません。

技術的卓越性と優れた設計に対する
不断の注意が機敏さを高めます。

シンプルさ（ムダなく作れる量を最大限にすること）が本質です。

最良のアーキテクチャ・要求・設計は、
自己組織的なチームから生み出されます。

チームがもっと効率を高めることができるかを定期的に振り返り、
それに基づいて自分たちのやり方を最適に調整します。

URL
http://agilemanifesto.org/iso/ja/
principles.html

図5-2　アジャイル宣言の背後にある原則

5.5 ハイベロシティITな「振る舞い」

　ハイベロシティITを支える「振る舞い」にはどのようなものがあるでしょうか。本節では、その主要なものと関係するモデルやコンセプトを紹介します。もちろん、以下に紹介する振る舞いはハイベロシティITに限定されるものではありませんが、成長していくあらゆる組織に必須の内容と言えるでしょう。

1 「不明確さ」や「不確実さ」を受け入れる

　VUCA時代とも言われる複雑な現代において、予定調和的に物事が進むことはほとんどありません。むしろ、「計画通りに実行して完成すれば成功」という考え方に疑問を持つべき状況が現代だと言えます。

　なぜなら、技術がどんどん進化し、それを利用するユーザや顧客の価値観もどんどん変化し、競合他社もどんどん成長しているからです。それは、デジタルやITの分野だけに留まらず、世界情勢、政治、環境など、PESTLEで表されるような外的要因の影響も大きく受けます（PESTLEの詳細はP.52をご参照下さい）。

●実験のマインド

　このような何が起こるかわからない世界においては、フェイルセーフなシステム（fail safe system）はもはや幻だと言っても過言ではありません。

KeyWord

フェイルセーフ

何らかの装置・システムにおいて、誤操作・誤動作による障害が発生した場合、常に安全に制御すること。

出典：Wikipedia（2022年1月現在）

　だからこそ、様々なことを試す「実験」のマインドが重要であり、fail safe（失敗しても安全）ではなくfail safely（安全に失敗する）またはfail mindfully（気を付けて失敗する）ことが重要となってきています。

　どんどん新しい技術が出現し、状況も変わるわけですから、「知らない」「完璧じゃない」ことを恥じる時代は終わりました。知らなければ学べばいいし、知って

いる人に聞けばいいのです。完璧じゃなければ鍛錬していけばいいですし、誰かに助けを求めて一緒に成長していけばいいのです。誰も知らないことであれば、トライアンドエラーでもよいので、試しながら前に進むしかないのです。ハイベロシティITにおいては、このような考え方を受け入れていくことが求められます。

●ヒューリスティックな作業

このようなことを書くと、「なんだか大変な世の中になったなぁ」と暗く考えてしまう人もいるかもしれませんが、そんなことはありません。人間の脳の働きや欲求からしても、このような複雑な問題を解いたり、何かを発見したりする活動は「ヒューリスティックな作業」と呼び、むしろエキサイティングな喜びを見出すことができるのです（むしろ、計画を決めてその通りに実行するアルゴリズム的な作業は、実は人間にとってはストレスが高いです）。

関連するモデルやコンセプト

このような振る舞いは、「マズローの自己実現論」の「承認欲求」（特に高いレベル）に当てはまると言えます（マズローの自己理論についてはP.131を参照）。すなわち、他者から認められたいというレベルを超え、技術や能力を習得し、自立し、自分で自分を評価、信頼できるレベルになるように自己研鑽していくという高次の欲求です。

複雑な状況に陥った際に、なんとかして原因を解決したりその状況を抜け出そうと努力したりするのは、この欲求を満たす振る舞いと言えるでしょう。他にも参考になるモデルやコンセプトとして、「倫理」「サービスアジリティ（俊敏性）のための再構築」「複雑性思考」「継続的改善モデル」が挙げられます（詳細は次節で解説します）。

2　信頼し、信頼される

共通の目標に向かってチーム一丸となって進化し続けるのがハイベロシティITです。そのためには、お互いのことを信頼し合うことが必須です。信頼し合うために大切なポイントを挙げておきましょう。

●思いやりの気持ちをもって相手に接する

まず、相手の立場や気持ちになって、適切な言葉やタイミングを選ぶことが大切です。また、相手の話に耳を傾ける（傾聴する）姿勢も重要で、これは相手に敬意を示す行為でもあります。他には、対等な立場で共通の目的を持って話し合う「対話（ダイアローグ）」も注目されています。率直かつ相手を思いやるフィードバックにより、

対話が成立します。

●多様性（ダイバーシティ）を認める

　次に大切なことは、多様性（ダイバーシティ）を認めることです。これは昨今「D&I（ダイバーシティ＆インクルージョン）」という表現で注目されている考え方に通じます。チームの中には様々な価値観やスキルレベルの人が混在しているでしょう。お互いにできるところを認め合い、できないところは教え合ったり補い合ったりすることで、チームとして成長することができます。むしろ、異なる意見のある場所にこそ、新しいアイデアやイノベーションが起きるのです。

●開放的（オープン）であり、建設的であり、ユーモアがある

　情報を隠匿したり、人の悪口を言ったり、噂話をしたり、マイナス思考であったりというのでは、周囲のメンバーともうまくコミュニケーションがとれないですし、建設的な（つまり、進化のための）対話もできないものです。たとえそれが現状の課題の指摘であっても、数字を元にわかりやすく説明すべきです。暗くなるような話題であっても、適切なユーモアを交えて明るく光が見えるように説明できれば、周囲も活性化されてより良い意見が出てくるでしょう。また、例えを使った説明や問いかけも有用です。

関連するモデルやコンセプト

　この振る舞いは、「マズローの自己実現論」の「社会的欲求」に当てはまると言えます。自分が社会に必要とされている、果たせる社会的役割があるという感覚を求めるのは、社会人として当たり前のことです。

　これを支えるには、マネージャは正しい評価を行い不当な扱いをしない、ストレスの溜まる人間関係が継続しないようにケアする、相反する価値観や人間関係の問題やリソース不足に注意を払うなどの振る舞いを実施することが必要です。

　参考になるモデルやコンセプトとしては、「倫理」「セーフティカルチャ」「ストレス予防」「リーンカルチャ」が挙げられます（詳細は次節で解説します）。

3　ハードル（水準）を上げ続ける

　「ハードル（水準）を上げ続ける」という姿勢も大切です。「現状に甘んじない」「立ち止まることは後退を意味する」という考えを持って行動しましょう。たとえ今日100％の出来であっても、明日は状況が変わっているかもしれません。

　一方で、少しずつでも改善して、より良い価値を受け取ることができれば、顧客の喜びにつながります。他者が歩みを止めなければ、自分が立ち止まると追い抜かれてしまいます。

関連するモデルやコンセプト

　この振る舞いは、「マズローの自己実現論」の「承認欲求」（特に高いレベル）から「自己実現欲求」に当てはまると言えます。技術や能力を習得し、自立し、自分で自分を評価、信頼できるレベルになるように自己研鑽していき、さらには、自分の持つ能力や可能性を最大限発揮し、具現化して、自分の目指す姿になるために追究し続ける振る舞いです。

　参考になるモデルやコンセプトとしては、「倫理」「サービスアジリティ（俊敏性）のための再構築」「リーンカルチャ」「継続的改善モデル」が挙げられます（詳細は次節で解説します）。

Column

改善の積み重ね

改善を積み重ねることの大切さを表してくれる数式があります。図5-3を見て下さい。1.01の365乗は37.8です。つまり、毎日1%ずつでも成長していくと、1年後には約38倍にも成長していくということです。逆に毎日1%ずつ後退していると、1年後にはたった3%にまで減ってしまうのです。ほんの小さな一歩でも、それを継続することの効果が明確にわかります。

$$1.01^{365} = 37.8$$
$$0.99^{365} = 0.03$$

図5-3　改善の積み重ね

4　顧客の仕事の達成を支援する

　「顧客の仕事の達成を支援する」という姿勢も欠かせません。この振る舞いは、サービス・プロバイダの基本であり、あらゆる組織の存在意義と言えます。

　サービスは、顧客がその成果を達成することに集中するために提供するものであり、顧客と共創していくものです。

　ハイベロシティITなサービス・プロバイダは、顧客が実現しようと目指している成果を理解し、それを一緒に実現することを「願望」するからこそ、どのような製品やサービスが必要とされているか、実際に使ってみてどうなのか、使ったあとに効果

が出ているのかをイメージし、知りたいと思うのです。

　だからこそ、一秒でも少しずつでも顧客が使えるものをリリースしたいと思い、「使ってもらったらすぐにフィードバックをもらいたい」「それを次に活かしたい」と考えます。

　この振る舞いは、「マズローの自己実現論」の「承認欲求」に当てはまると言えます。何か価値のあることに貢献したい、社会や誰かに貢献して意図や努力を認めてもらいたいというのは、人間が自然と求めるものです。

　参考になるモデルやコンセプトとしては、「倫理」「デザイン思考」「リーンカルチャ」が挙げられます（詳細は次節で解説します）。

5　学習し続けることにコミットする

　最後に挙げるのは、「学習し続けることにコミットする」ということです。この振る舞いは、これまで紹介してきた4つの振る舞いを下支えするものです。重要なポイントを次にまとめておきましょう。

- ・「不明確さや不確実さを受け入れる」ためには、変化する状況を理解し、新しい情報や技術を学習し続けることが当たり前だ（むしろ楽しい）という感覚が必要です。
- ・「信頼し、信頼される」ためには、お互いを知り、お互いが知らないことを教え合うことから始まります。それに、信頼し合うからこそ「実験」のマインドが醸成され、試しながら経験を通しての学習がしやすくなります。
- ・「ハードル（水準）を上げ続ける」という振る舞いの基本はもちろん学習です。
- ・「顧客の仕事の達成を支援する」ためには、顧客がどのような成果を目指しているのかを知らなくてはいけませんし、そのために必要な技術やスキルの学習も必要です。顧客のフィードバックに耳を傾けることもまた、学習と言えるでしょう。

関連するモデルやコンセプト

　この振る舞いは、前項と同じく「マズローの自己実現論」の「承認欲求」（特に高いレベル）から「自己実現欲求」に当てはまると言えます。

　参考になるモデルやコンセプトとしては、「倫理」「リーンカルチャ」「継続的改善モデル」が挙げられます（詳細は次節で解説します）。

マズローの自己実現論

「マズローの自己実現論」（または「欲求5段階説」）は、米国の心理学者アブラハム・マズローが、「人間は自己実現に向かって絶えず成長する」と仮定し、人間の欲求を5段階の階層で理論化したものです。具体的には、次の5段階から構成されます（出典：Wikipedia）。

- 自己実現の欲求 (Self-actualization)
- 承認（尊重）の欲求 (Esteem)
- 社会的欲求 / 所属と愛の欲求 (Social needs / Love and belonging)
- 安全の欲求 (Safety needs)
- 生理的欲求 (Physiological needs)

図5-4　欲求の階層をピラミッドで表現した図（拙訳）

MEMO

複雑系

複雑系（complex system）とは、相互に関連する複数の要因が合わさって全体として何らかの性質（あるいはそういった性質から導かれる振る舞い）を見せる系であって、しかしその全体としての挙動は個々の要因や部分からは明らかでないようなものを言います。

＜中略＞

複雑系は決して珍しいシステムというわけではなく、実際に人間にとって興味深く有用な多くの系が複雑系です。系の複雑性を研究するモデルとしての複雑系には、蟻の巣、人間経済・社会、気象現象、神経系、細胞、人間を含む生物などや現代的なエネルギーインフラや通信インフラなどが挙げられます。

出典：Wikipedia（2022年1月現在）

●まとめ

次節からは、ハイベロシティ IT な振る舞いを支えるモデルやコンセプトを紹介していきます。表5-1は、その関係をまとめた表です。

※本表は著書の考えが含まれており、ITIL 4原書の表とは少し異なります。

欲求の段階	（マズローの自己実現論より）	不明確さや不確実さを受け入れる	信頼し、信頼される	ハードル（水準）を上げ続ける	顧客の仕事の達成を支援する	学習し続けることにコミットする
		承認欲求	社会的欲求	承認欲求 自己実現欲求	承認欲求	承認欲求 自己実現欲求
Purpose 目的、存在意義	倫理	◎	◎	◎	◎	◎
	デザイン思考	○	○	○	◎	○
People 人	サービスアジリティ（俊敏性）のための再構築	◎	○	◎	△	○
	セーフティカルチャ	○	◎	△	△	○
	ストレス予防	○	◎	(△)	△	○
Progress 前進	複雑性思考	◎	△	△	△	○
	リーンカルチャ	○	◎	○	◎	○
	継続的改善モデル	◎	△	◎	○	◎

◎ … 関係性がかなり高い　　○ … ある程度関係がある
△ … 関係性が低い　　（△）… 関係性が非常に低い

表5-1　ハイベロシティな振る舞いとそれを支えるモデルやコンセプト

5.6 ハイベロシティITのモデルやコンセプト

　ここでは、前節で紹介した「ハイベロシティ IT な振る舞い」を支えるモデルやコンセプトについて紹介していきます。ハイベロシティ IT な振る舞いを支えるモデルやコンセプトは、大きく「Purpose（目的）」「People（人）」「Progress（前進）」の「3つのP」にカテゴリ分けすることができます。

1 Purpose（目的、存在意義）

　ハイベロシティ IT な振る舞いを支えるモデルやコンセプトの1つ目のカテゴリは「Purpose（目的、存在意義）」です。「何のために働くのか？」「私達の存在意義は？」等々、チームや組織が1つとなるために、また改善し続ける推進力を維持するためには、「目的や存在意義を明確にして認識すること」が本質的な原動力となります。この「目的や存在意義を認識すること」こそが、Purposeのテーマです。

　Purposeを明らかにするために必要となる要素が「倫理」「デザイン思考」の2つです。

●倫理

　従来は、「ITはビジネスを支える」という位置付けにありましたが、デジタルの時代においては、ITとビジネスが融合する、またはITがビジネスを牽引するようになりました。さらに、昨今は答えのない複雑な状況において新たな答えを創り出したり、AI（人工知能）が出した答えを、良識を持って判断したりしなくてはいけなくなっています。したがって、ITに携わる技術者はこれまで以上に倫理観を持って仕事に臨むことが重要となります。すなわち、「何のためにその機能や製品やサービスが必要なのか？」の基準となるのが倫理観なのです。

> **KeyWord**
>
> **倫理**
>
> 個人と社会にとって何が良いかを定義する原則がまとまった一つのシステム。
>
> 出典「ITIL 4 High-velocity IT」（拙訳）

●デザイン思考

　ユーザ体験や顧客体験を想定し、カスタマ・ジャーニーやバリューストリームを描きながら、ユーザや顧客が本当に必要としているものや本当に役に立つものは何なのかを設計するのが「デザイン思考」です。その際には、その他の利害関係者の話も聞いて判断していきます。「何のためにこの機能や製品やサービスを創るのか」という観点がデザイン思考には必須です。このデザイン思考を身に付けていれば、Purpose（目的、存在意義）を明らかにしやすくなります。

Column

Purpose（目的、パーパス）

　Purposeは「目的」と訳される英語であり「何のためにするのか？」という一般的な意味です。これはITILでも以前から扱われていた用語ですが、近年、ビジネスや企業経営の観点で注目され、「目的」ではなく「パーパス」と表現されて、従来とは異なる意味合いで使用されるようになっています。その新たな意味とは、「企業の存在意義」です。「パーパス」が注目されるようになったきっかけが、2019年8月19日に発表された、ビジネスラウンドテーブルによる「企業のパーパスに関する声明」です（図5-5）。ビジネスラウンドテーブルとは、米国のトップ企業が所属する財界ロビー団体です。この声明は、それまで企業経営の原則とされてきた「株主資本主義」を否定し、全てのステークホルダーへの配慮を目指す「ステークホルダー資本主義」への転換を宣言したとして、大注目を浴びました。株主の顔を伺う短期的で株価／利益至上主義の経営ではなく、顧客、従業員、サプライヤ、コミュニティ、地域社会、環境などにも価値提供を実現し、持続可能なエコシステムを構築していくことを企業経営の目的とすべきであり、企業価値が高いという考え方を提唱したのです。この考え方は、ITIL の基本理念にも共通するものです。

企業のパーパスに関する宣言（ビジネスラウンドテーブル）

雇用創出、イノベーション促進、必要な財・サービスの提供といった企業の基本的な役割に加え、全てのステークホルダーに対し、下記5点をコミットすると声明

- 顧客の期待に応える、あるいはそれを超える価値・サービスの提供
- 従業員への投資（公平な報酬、急速な世界の変化に対応した教育の提供）
- サプライヤに対する公平かつ倫理的な取引の実行
- 地域社会支援、環境保護
- 企業の投資、成長、確信を可能にする資本を提供する株主に対する
  長期的な価値の提供

出典：「BCG 次の 10 年で勝つ経営　企業のパーパス（存在意義）に立ち還る。」（ボストンコンサルティンググループ編著　日本経済新聞出版）

図5-5　「企業のパーパスに関する宣言」

2 People（人）

　ハイベロシティITな振る舞いを支えるモデルやコンセプトの２つ目のカテゴリが「People（人）」です。知識を生み出す仕事や、知識を活用して行う仕事である「知識労働」と、それに基づくサービス提供を編成し、健康的で生産的な組織と人材を育むにはどのようなことが必要かを考えるのがPeopleのテーマです。

　そのための主要な方針が「サービスアジリティ（俊敏性）のための再構築」「セーフティカルチャ」「ストレス予防」の３つです。

●サービスアジリティ（俊敏性）のための再構築

KeyWord

サービスアジリティ（俊敏性）のための再構築

複雑で社会的な性質を持つ知識労働とサービス提供を編成するためのアプローチ。
出典「ITIL 4 High-velocity IT」（拙訳）

　サービスには必ず人が関係するため、実は、全てのことが計画通りに実行できるわけではありません。どこかで失敗するかもしれませんし、急に良いアイデアが浮かんで、これまでよりも質の高いサービスを提供できるかもしれません。受け取り手であるユーザも、想定外の感想を持つかもしれません。つまり、人と人とのつながりで形成される社会的な性質をはらみ、複雑であるのがサービスなのです。

　このようなサービスの性質を考えると、状況に合わせて柔軟に対応し、常に改善していくアジリティ（俊敏性）を上げるためには、計画を立てたりプロセスや手順をきっちり決めたりして、「その通りに作業すれば期待通りの結果に必ずなる」というアルゴリズム的な考え方は現実的ではありません。むしろ、答えを模索し、発見するヒューリスティックなアプローチが必要となり、またこれは人間の本質にも適っています。これを実現するには、マネージャは次のような考え方を持つことが必要です。

- ・コントロールを緩め、予測不能な環境の中で、自分で考え判断する自由を与える
- ・ヒューリスティックに作業ができる能力と自信を得るのが目的であり、そのための基礎としてプロセスがあると考える
- ・チームメンバーの価値を尊重し、その価値に整合する仕事に対してベストを尽くす

　もちろん、ガバナンスやコントロールの観点から言えば（最低限の品質を確保するためには）ある程度ルールやプロセスなど決めるべきところは決めるべきですし、関

係者が仕事をしやすいように目標や期待は明確にしたほうがよいでしょう。したがって、そのあたりはバランスを考慮して検討すべき部分となります。

●セーフティカルチャ

KeyWord

セーフティカルチャ

人々が自分自身でいられる（または自分自身を表現できる）雰囲気。

出典「ITIL 4 High-velocity IT」（拙訳）

複雑なシステムは常に災害（壊滅的な障害、重大なインシデント）の可能性をはらんでおり、その原因は様々な欠陥が複雑に絡み合い、かつ変化し続けている状況であることがほとんどです（次ページも参照）。このような状況において、顧客に安定的に価値を提供しつつ、改善し、災害を予防するためには、知識とスキルを十分に持ったスタッフと、良好な労働条件が必要です。

そのために重要となるのが「セーフティカルチャ」です。

具体的には、「人を非難しない」「失敗は改善できる機会（よいきっかけ）である」という文化を徹底することがセーフティカルチャとなります。

このカルチャが醸成されている環境で働く人々は、自身が信頼されており、価値が認められていると感じます。その結果、リスクに気付くとちゃんと声を上げるという行動を取れるようになります。これは、批判されたりポジションを失ったりするリスクがあるカルチャではなかなか難しいことです。

例えば、あなたが何かのミスを犯したことに気付いたとします。このとき、「なぜこれまで気付かなかったんだ!?」と非難される環境であれば、今後非難されることが容易に想像できるため、あえて発表せずに隠してしまうかもしれません。また、他のメンバーのミスだった場合も、変に指摘すると「あなたは私をそうやって非難して傷つけるのか!?」と思われかねないので、やはり言い出しにくくなってしまうことでしょう。これでは何も改善されません。

こういった事態を防ぐためには、「顧客により良い価値を提供しよう」という共通の目的を持ち、そのために「失敗は改善できる機会（よいきっかけ）である」と考える文化＝セーフティカルチャを醸成することが大切となります。「罪（システム）を憎んで人を憎まず」の精神を持つ環境が整っていることが、プロフェッショナルなメンバーがのびのびと前向きに自律して仕事をするために大切な条件なのです。

複雑なシステムは本質的に危険である

シカゴ大学の認知技術研究所のリチャード・クック氏は、複雑なシステムの本質的に危険な性質について、研究結果を発表しています。医療や輸送、発電等の複雑なシステムを対象とした研究ですが、ITも含むあらゆる産業に共通する内容と言えます。

（以下、発表された研究より）
「複雑なシステムではどのように障害が発生するのか（How Complex Systems Fail）」

1. 複雑なシステムは本質的に危険なシステムである
2. 複雑なシステムは、基本的に障害対策がしっかりなされている
3. 災害（壊滅的な障害）の発生には複数の障害が関係する（単一障害では不十分）
4. 変化し続ける複数の欠陥を含んだまま、複雑なシステムは動作している
5. したがって、複雑なシステムは劣化モードで実行され続ける
6. 災害は常に角を曲がったところにある
    壊滅的な障害はいつでも発生する可能性がある。
7. 障害発生後の分析で1つの「根本原因」へ帰着することは誤りである
    複数の原因が複雑に関連しているものである。1つの「根本原因」に結論付けようとするのは間違いであるし、その後の対策を誤った方向へ誘導してしまう。
8. 後知恵バイアスにより、障害発生後の評価にバイアスがかかってしまう
    「障害を事前に予測できていたはずだ」「予防できていたはずだ」と事後調査で評価するのは「後知恵バイアス」であり、事故調査の妨げとなる。
9. オペレーターは、常に「生産」と「防御」の両方を行っている
    平常時は「より良いアウトプットを出すように」と圧力がかかり、障害発生時には「なぜ障害を防げなかったのか」と非難されるが、オペレーターは常にこの両方の役割に携わっていることを認識すべきである。
10. 全ての実践者の行動はギャンブル（賭け）である
    常に変化する不確実な状況と結果の中で判断し行動しているという意味で、実践者の全ての行動は「ギャンブル（賭け）」と言える。失敗すると「故意の過失だ」と非難されるが、そうではない。
11. 最も難しい局面でのアクションが、全ての曖昧さを解決する
    問題を解決しているのは現場の実践者である。失敗すると「エラーだ」「違反だ」と非難されるが、推進力や生産への圧力などの要因を曖昧にして無視した、後知恵バイアスによる間違った分析結果である。
12. 実践者は、複雑なシステムにおける適応可能な要素の1つである
    実践者とマネージャは、生産を最大化し、事故を最小化するためにシステムを積極的に刻一刻と適応させている。
13. 複雑なシステムにおける人間の専門知識は絶えず変化している
    新しい技術やツールの採用、メンバーの交代などに対応するため、システムの関係者は常

に、経験と学習を通して知識を更新していく。

14. 変化は新しい形の失敗をもたらす

15. 「原因」の見方は、将来の出来事に対する防御の有効性を制限する

「ヒューマンエラー」の対策は、原因となりうる活動を制限することとなる。それにより安全性は高まるが、システムがより複雑に結合し、潜在的な障害の潜在的な数が増加するため、障害の軌跡の検出と防御がより困難になる。

16. 安全性はシステムの特徴であり、コンポーネントの特徴ではない

安全性を1つのコンポーネント（部品）としてシステムに取り入れることはできない。安全性とはシステム全体の特徴だからである。どのシステムの安全な状態も常に動的に変化しており、破壊的な障害とその管理も絶えず変化する。

17. 人々は継続的に安全を生み出している

通常の活動を、オペレーターが日々間違いなく行っているからこそシステムの安全は保たれている。しかし状況の変化に合わせて、オペレーターが適宜調整を行ったり、時には活動を新たに組み合わせたり、全く新しいアプローチを考えて実施していることもある。

18. 障害のない運用には、障害の経験が必要である

システムを正常に運用し、許容可能なパフォーマンスの範囲内に留めることができるようになるためには、障害を経験していなければうまくこなせない。

出典（拙訳_要約、意訳を含む）https://how.complexsystems.fail/

上述した発表のポイントをまとめると、次のようなことが言えます。

・複雑なシステムは、障害の元となる欠陥を複数組み込んだまま動き続けている
・その欠陥は、技術や人やプロセスの変化により変化し続けるため、それにより引き起こされる障害も変化し続ける
・システムに携わる人々は、常に価値を生み出す活動と障害を予防する活動を実直に実行しつつ、変化に合わせた対応もしている
・障害を最小限に抑える努力の結果、障害のほぼない安全なシステムの運用が実現される…が、複雑なシステムは変化し続けるため、いつ何が起きるかわからず、障害対応の経験がないと対処できないという矛盾をはらんでいる。

このように、複雑なシステムは本質的に危険であるからこそ、ヒューリスティックに動ける人材の育成とそれを醸成する場である組織の構築が必要なのです。

●ストレス予防

KeyWord

ストレス予防

職場の不健康な緊張の予防および管理、修復。

出典「ITIL 4 High-velocity IT」（拙訳）

　Peopleを育成する最後のポイントが「ストレス予防」です。労働環境における身体の健康問題（physical health issue）についてははるか昔から認識されてきましたが、メンタルヘルス問題（mental health issue）については、最近になってようやく光が当たってきたと言えます。

　あらゆる労働環境において、ストレスが全くない環境はありません。特にハイベロシティITは比較的新しいコンセプトですので、新しい挑戦と新しいストレスに直面することになるでしょう。昨今は産業医などメンタルヘルスの専門家への相談はもちろん、人事や職場環境の変更などの一般的なアプローチなど、ストレス予防のための様々な対策が考案されています。ですから、自分達の環境に適したアプローチを選択し、採用していきましょう。

　例えば、ハイベロシティIT的なアプローチで言えば、リーン／アジャイルのアプローチである「物事を小さく（特定の期間で）区切ってそこに集中してこなしていくという方法」も、ストレス予防の1つの方法です。CI/CD（継続的インテグレーション／継続的デリバリまたはデプロイメント）の技術も、小さな単位で頻繁に信頼性の高いデプロイを行うためのものであり、運用中のシステムに悪影響を与えないという意味ではストレス予防と言えます。

　「戦略的なアプローチ」と「運用上の実践的なアプローチ」と「客観的で中立な（non-judgmental）アプローチ」の3種類のアプローチを開発しましょう。もちろん、アプローチを開発し、導入した後に、その効果を測定したり、新たな課題が出てきていないかを確認したりすることも必要です。

参考

ノン・ジャッジメンタル（non-judgmental）

出来事を良し悪しで判断する「ジャッジメンタル（judgmental）」という考え方がありますが、その対義語として「ノン・ジャッジメンタル（non-judgmental）」という言葉もあります。これは、出来事を良し悪しで判断せず、「ただ起きた出来事」としてゼロの気持ちで心を眺めるという考え方を指します。「今、この瞬間の体験に意図的に意識を向け、評価をせずに、とらわれのない状態で、ただ観ること」（※）を指す「マインドフルネス」でも、よく使用される言葉です。

出典 「日常で瞑想 自分客観視」『読売新聞』2018年3月20日付朝刊、くらし家庭面

3　Progress（前進）

　ハイベロシティITな振る舞いを支えるモデルやコンセプトの3つ目のカテゴリが「Progress（前進）」です。仕事の複雑な性質を理解し、学習によって改善すること

がProgressのテーマです。

　そして、Progressを実現するために必要となるのが「複雑性思考」「リーンカルチャ」、そしてITILの「継続的改善モデル」となります

●複雑性思考

　まず、私達の環境は複雑であり、全て予想できるわけではないことを理解することが重要です。さらにその複雑さの度合いによっても、対応するアプローチが異なるという研究がなされています。これを意識することで、特にヒューリスティックな働き方が多い複雑な環境における問題解決や、メンバーとの仕事の進め方のヒントとなるでしょう。

　図5-6を見て下さい。これは「クネビンフレームワーク」と呼ばれるものであり、1999年にDave Snowden氏がIBM Global Serviceに所属していた際に、意思決定を支援するための概念フレームワークとして開発したものです。

　このフレームワークを利用することで、複雑な課題に対して、物事を整理して思考しやすくなります。このフレームワークでは、問題をその複雑性に基づき、次の5種類に分類します。

明白な（Simple/Obvious/Clear）

　因果関係が明確な状態です。したがって、事前に定義されているベストプラクティスを適用することができます。

込み入った（Complicated）

　因果関係が不明確ですが、分析や専門知識によって因果関係を見出すことができる状態です。複数あるグッドプラクティスの中から、適したものを選択して適用することができます。

複雑な（Complex）

　因果関係が不明確で把握不可能な状態です。複雑に絡み合った因果関係を調査し、

実験的に試して解き明かしながら新たな解を見つけなくてはいけません。

混沌とした（Chaotic）

　複雑さがさらに極端であり、そもそも何が起きているのかもわからない状態です。とにかく行動してみて、その結果を見て判断し模索し、「複雑な」状況へ迅速に移行するための行動が必要となります。

無秩序な（Disorder/Confused）

　自分がどのドメインにいるかもわからない状態です。

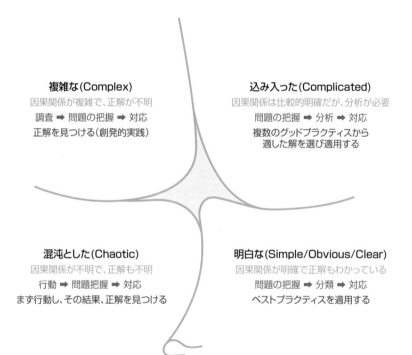

複雑な（Complex）
因果関係が複雑で、正解が不明
調査 ➡ 問題の把握 ➡ 対応
正解を見つける（創発的実践）

込み入った（Complicated）
因果関係は比較的明確だが、分析が必要
問題の把握 ➡ 分析 ➡ 対応
複数のグッドプラクティスから
適した解を選び適用する

混沌とした（Chaotic）
因果関係が不明で、正解も不明
行動 ➡ 問題把握 ➡ 対応
まず行動し、その結果、正解を見つける

明白な（Simple/Obvious/Clear）
因果関係が明確で正解もわかっている
問題の把握 ➡ 分類 ➡ 対応
ベストプラクティスを適用する

図5-6　クネビン（Cynefin）フレームワーク

●リーンカルチャ

KeyWord

リーンカルチャ

信頼、尊敬、好奇心、探究心、遊び心、集中力が全て共存し、学習と発見をサポートする職場環境。
出典「ITIL 4 High-velocity IT」（拙訳）

リーンカルチャは、P.122で「ハイベロシティITの基本」の1つとして紹介した「リーン」のカルチャで、ハイベロシティITの基礎となるものです。

次のような考え方を一人一人が持つことにより、顧客との価値共創のために進化し続ける組織が形成されるでしょう。

・お客様に価値を付加したい！
・メンバーの限界よりも、可能性を信じる！
・一人よりも皆で一緒に行うほうが達成できる！
・現場を見る、現場で議論する！
・あらゆる階層とオープンに対話する！
・問題意識を持つ！
・一歩でも前進していこう！

●ITILの「継続的改善モデル」

ITILの「継続的改善モデル」は、ビジョンを定義し、現状分析から改善を積み上げて推進力を維持しならビジョンを達成するためのアプローチです。

「継続的改善モデル」を進めるうえで参考になるのが、「改善のカタ」と「OODAアプローチ」です。

改善のカタ

1つ目の「改善のカタ」は、米国のマイク・ローザー（Mike Rother）氏がトヨタ自動車の生産システムを分析した著書「トヨタのカタ」（日経BP社）という著書において紹介した、トヨタの生産システムを支えるメカニズムです。不確実性を前提としたイノベーションの進め方となっており、具体的には、改善のカタでは次のようなアプローチを提唱しています。

1. 方向性や挑戦を理解する
2. 現在の状況を把握する
3. 次の目標となる状況を決める
4. 目標に向かって繰り返す

これを進めるためには、次の5つの質問をすることが重要だとされています。

1. 目標とする状況は何か？

2. 現在の状況は？

3. 目標達成の障害物は何か？その中で一つだけ対処するとしたらどれを選ぶ？

4. 次のステップは何か？何を期待する？

5. 次のステップから学べるのはいつごろか？

この「改善のカタ」は、ITILの「継続的改善モデル」と非常に近しいモデルだと言えます。継続的改善モデルを実施するうえで大変有効な方法ですので、覚えておきましょう。

OODA ループ

一方、「OODAループ」は、米国の戦闘機操縦士・航空戦術家・軍事著作家であるジョン・ボイド（John Boyd）氏が提唱する、意思決定と行動に関する理論です。どんなに先の読めない状況の中でも迅速に意思決定を下し、迅速に行動に移すためのアプローチであり、次の4つのステップで構成されています。

1. Observe（観察）

2. Orient（情勢への適応）

3. Decide（意思決定）

4. Act（行動）

OODAループは、当初は航空戦に臨むパイロット用に考案されたものでしたが、今ではビジネスや政治などあらゆる分野に適用できる一般的な理論として広まっています。

特に、改善のアプローチとして広く世界中に広まっているPDCAアプローチ（デミングサイクル／デミングサークル）よりも物事に迅速に反応できるアプローチとして、予想不可能なチャレンジの起こる分野（サイバーセキュリティなど）で採用されつつあります。こちらもITILの「継続的改善モデル」を実施するうえで参考となるアプローチですので、併せて覚えておきましょう。

後日譚 〜HVITで解決！〜

　生徒や保護者の需要の変化に対応すべく、ABCゼミナールの講師陣が立ち上がりました。

　まずは生徒と保護者のアンケート結果で要望が多かったものについて、実現した場合の効果（学習効果や顧客満足度）、投資する金額や関係者の負担（作業工数）、技術（技術的な実現可能性）について比較し、優先度を付けてみました。

要望	効果	投資	技術	優先度
オンライン授業	大	小	小	1
e-Learning（撮影）	大	小	中	2
e-Learning（アニメ）	大	大	大	4
アプリ	大	大	大	4
プログラミング授業	中	中	小	3

「理想的には、全部の要望を適えたいけど、人も予算も限られているし、まずは少しでもやってみてから、生徒や保護者の意見を聞きたいよね」
「それに『何かやってる』『何か変わろうとしている』っていうことをまずは知ってもらいたいよね」

　……そんな声が出てきて、この取り組みは加速しました。

「前向きな意見を出してくれる保護者にも、何人か参加してもらったらどうかな」
「確かに！『完璧じゃないのにお金取るの?』とか言われると前に進まなくなるけど、真摯な意見を出してくれる人にはぜひ参加してほしいよ」
「一緒により良くするにはどうしたらいいか、お互いに遠慮なく意見をぶつけ合える関係がいいよね」

　……ABCゼミナールの、「価値の共創」が始まったようです。

それから数年。ABCゼミナールは、業界で3本の指に入る企業へと成長しました。

　オンライン授業と対面式授業のハイブリッド化はもちろん、今ではe-Learningやスマートフォン対応アプリも充実して、オムニチャネルで学習コンテンツにアクセスできます。学習の進捗状況と理解度も測定できるので、ゲーム感覚で自分の学習状況を把握でき、効率的な学習が可能になりました。

　学習コンテンツもどんどん増えています。それぞれ専門分野の講師が10分ずつのコンテンツを少しずつ配信しているからです。「終わりがあって、全てをこなすこと」を目的とするのではなく、「理解を深め、広げるために、関連する分野の知識に常に触れていること」というように、学習スタイルも転換しました。この転換は、「暗記型」から「理解・習得型」へ、という学習形態の変換を牽引しているとも言えます。

　特に人気が高いのが、VRカメラを使った「体験型学習」です。職業体験もでき、企業側も受け入れ負担が下がるということから、最近は生徒、企業問わず申込者が急増しています。

　この体験型学習も、いきなり今のような形が出来上がったわけではありません。最初は「VRカメラを使って様々な生物を見てみよう」という授業から始まり、生徒や保護者のフィードバックを受けて試行錯誤を重ねた結果、「職業体験」というプログラムが出来上がったのです。

　試行錯誤を繰り返しながらも何とか今の形にできたのは、メンバー一人一人の粘り強い努力はもちろん、マネージャや経営陣の理解、そして何より保護者の方々の協力があったからです。みんなで協力して、「子供の未来のために何が必要か」を一緒に考え抜いたことが、今の成果につながったと言えるでしょう。

　このカルチャを大切にすれば、ABCゼミナールはこれからも一歩ずつ前進していけることでしょう。

この章のまとめ

□ ハイベロシティITとは

重要なビジネスを実現するためにデジタルテクノロジーを適用すること。ベロシティとは「速度」のことであり、ハイベロシティとは「非常に速い速度」を表す。

□ ハイベロシティITの目標

ハイベロシティITでは、「1. 価値ある投資」「2. 迅速な開発」「3. レジリエント・オペレーション」「4. 価値の共創」「5. 確実な準拠」の5つの項目を目指す。

□ リーン

リーン（Lean）とは、「無駄のない、贅肉のとれた」という意味であり、「リーン」の基本概念は「付加価値提供」と「継続的改善」の2つである。

□ アジャイル

アジャイル（Agile）とは、「俊敏な、機敏な」という意味であり、「アジャイルソフトウェア開発宣言（アジャイルマニフェスト）」にその基本理念がまとめられている。

□ ハイベロシティITな振る舞い

ハイベロシティITな振る舞いには、「1. 不明確さおよび不確実さを受け入れる」「2. 信頼し、信頼される」「3. ハードル（水準）を上げ続ける」「4. 顧客の仕事の達成を支援する」「5. 学習し続けることにコミットする」という5つが該当する。

第6章

方向付けし、計画し、改善する

－ 組織とサービスの目指す未来に向かって進化し続けるために －

DPI
Direct, Plan and Improve

ビジョンを実現するために、組織一丸となって協働し、前進し続けるためには、方向を指し示し、具体的な計画を立てることと、実施・試行しながら軌道修正すること、そして改善のカルチャが必要です。本章では、その具体的な手法や参考となる考え方について紹介します。

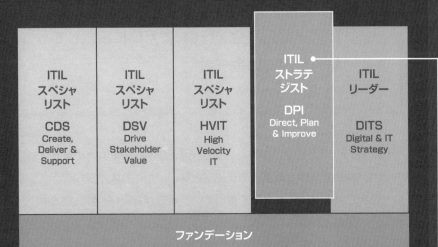

ITIL スペシャリスト	ITIL スペシャリスト	ITIL スペシャリスト	ITIL ストラテジスト	ITIL リーダー
CDS Create, Deliver & Support	DSV Drive Stakeholder Value	HVIT High Velocity IT	DPI Direct, Plan & Improve	DITS Digital & IT Strategy

ファンデーション

この章の解説範囲

ケーススタディ

　国内旅行を専門に取り扱う旅行代理店「ザ・ベスト・ツーリズム・ジャパン」では、社内業務のDX化に着手することにしました。

　そんなある日、突然社長が「社員全員RPA」を宣言し、人事でも総務でも営業でも、RPA（ロボティック・プロセス・オートメーション）を作って業務を自動化することを発表しました。RPAを利用し、仕事を効率化するのが狙いのようです。社員がRPAを積極的に活用するよう、社長は次のような方針を発表しました。

社員全員RPA宣言!

- 無料のRPAを使うこと
- RPAは自分の使いやすいものを使ってよい
- とにかくまずは使ってみることが重要
- 毎月一回発表会を行い、お互いに投票して
  優秀作品には金一封!

　社長の鶴の一声ですから、みんな我こそはとRPAを使い始めます。普段の交通費精算や見積書作成、報告書の作成などなど……これまでプログラミングなど一度もしたことがなかった人まで使い始め、社内がRPA一色になりました。

　さて、このあと社内はどうなったのでしょうか。……多少知見のある方なら、容易に想像がつくかもしれません。

局所最適化があらゆるところで発生し、しばらくすると会社の中には、いわゆる「野良ロボ」（管理者が不在となっているRPAロボット）が蔓延して、手が付けられない状況となってしまいました。主だった不具合が次の通りです。

・作った本人の作業効率化にしか使えない
・作業をそのままロボットに実行させているだけなので、それ以上のメリットを得られない（プロセスを最適化してからロボットに実行させれば効率の良い作業となり、アウトプットを得て次に生かせるはずだが、それができていない）
・バージョン管理ができていない
・メンテナンスができていない
・誰が何の目的で作ったかわからないRPAが放置されている
・知らないうちに有料課金されていて会社に請求書が送られてきた…

　RPAについての指針らしきものを社長は出していましたが、それは「とりあえずやってみてDXに慣れよう！」という目的のものでした。しかし、本来であればきちんとしたルールを定めてガバナンスを効かせるべきですし、何を以て「優秀作品とするか」の基準も、明確にしておかなければならなかったでしょう。
　……今回の取り組みは残念な結果になったように見えますが、強いてメリットを挙げるなら、「社員のITへの苦手意識が薄れたこと」は、企業のDX化の第一歩として評価してよいかもしれません。ただし、このまま続けていると、RPAやDXへの期待が減り、変化疲れが出てくる可能性があります。
　できればここから軌道修正していきたいところですが、一体何をすればよいでしょうか。
　本章では、目標を定め、その目標に向かってチームや組織が一丸となって進んでいくための主要なポイントについて解説していきます。

6.1 「方向付けし、計画し、改善する」とは?

　「方向付けし、計画し、改善する（＝DPI）」は、サービスに限らず様々な場所で用いることのできる内容です。例えば、中長期にわたる組織のビジョンや戦略、複数年にわたるサービス提供、1年間のプロジェクト、2か月単位に区切って進めるアジャイル開発、チームや個人の目標設定とその達成などにおいて、自分達が進むべき方向を決め（方向付け）、具体的な計画に落とし込み（計画）、その計画を達成するために実行し、軌道修正していく（改善）という活動が、すなわちDPIに該当します。

　本節では、まずDPIを構成する3つの単語について紹介していきます。

1 方向付け

KeyWord

方向付け

誰かを導く、指導する、ガイドする、あるいは何かを命じること。これには、組織またはチームのビジョン、目的、目標、従うべき原則を設定し伝えることも含まれる。また、組織やチームを目標に向けて導くまたはガイドすることも含まれる。

出典「ITIL 4 Direct, Plan and Improve Glossary」（拙訳）

　「方向付け」（direct）は、「指示」「指揮」とも訳され、個人、チーム、部署、企業などがどこへ向かうべきかを指し示すことを指す言葉です。組織全体のビジョンやミッションを決め、それに基づく目標を定め、それらが共有され、関係するメンバー一人一人に伝わっていると、次のような効果があります。

- 「自分はなぜ今この仕事をしているのか」が理解できる
- 「目標を達成するためには何をするべきか」を自ら考え行動できるようになる
- 共通の目標に向かって、メンバー同士が協働（コラボレーション）するようになる

2 計画

　「計画」（plan）では、目標を達成するための具体的な活動やスケジュール、それ

> **KeyWord**
>
> **計画**
>
> サービスマネジメントの4つの側面全て、ならびに全ての製品およびサービスに対する、ビジョン、現在のステータス、および改善指示に関する理解を組織全体で確実に共有するためのバリューチェーン活動。
>
> 出典「ITIL 4 ファンデーション」

に必要なリソース等を決めます。目標を達成できたかの確認や進捗を管理するために、測定項目も設計しましょう。「計画」が関係者間で共有され、関係するメンバー一人一人に伝わっていると、次のような効果があります。

・「自分は具体的に何をしなくてはいけないか」が理解できる
・「チームや組織全体として何をしなくてはいけないか」の全体像を把握できる
・（進めていく中で互いの進捗が見えてくると）チームの共通の目標を達成するために、メンバー同士が協働（コラボレーション）するようになる

3 改善

> **KeyWord**
>
> **改善**
>
> 1人または複数の利害関係者にとって価値を高める結果につながる、意図的に導入された変更。
> 出典「ITIL 4 Direct, Plan and Improve Glossary」（拙訳）

　今よりもより良くすることが「改善」（improvement）です。それは次の3つのどれかに当てはまります。

・利害関係者が不利益を被っているので、それを排除または削減するため
・利害関係者により良い価値を提供するため
・ビジョンや目標に到達するため

　改善するには、現状を「改める」必要があるので、何かしら変更が発生します。物事を変更する際には、その結果が自分にとって良いことになるとしても、抵抗感が生まれるのが人間心理です（現状維持が最も楽だからです）。変更への抵抗を下げるために、上述の「方向付け」と「計画」が役立つことになります。

6.2 方向付け －ビジョンや目標－

1 「ビジョン」とは何か？

　本節では「方向付け（ビジョンや目標）」について、さらに詳しく解説していきます。

　組織が目指す姿、実現させたい世界とその景色を表現したものが「ビジョン」です。ビジョンが明確であると、目標や計画を立てやすいですし、状況が変わった際に計画を軌道修正しやすくなります。

KeyWord

ビジョン

組織が将来何になりたいかという明確に定義された願望。

出典「ITIL 4 Digital & IT Strategy」（拙訳）

　図6-1のように、「ビジョン」を実現するための「目標」がゴール（最終目標）であり、そのゴールを達成するための、長期的・大局的な方向性と概要レベルのシナリオが「戦略」となります。他にも、ビジョンの原動力となる「パーパス」やビジョン実現のためになすべき使命である「ミッション」など、複数の項目が関わってきます。

　実際に方向付けを行うにあたっては、「パーパス」「ビジョン」「ミッション」を定義する（＝文字で表現する）ところから始めましょう。これらが、組織の目指す方向の根幹となるからです。そして、ビジョンを実現するための中長期の目標である「ゴール（最終目標）」とそれを達成するための「戦略」、ゴールに到達すべき短期の目標である「達成目標」と、それを達成するための「戦術」と具体化していきます。

　一般的には、ゴール（最終目標）以下の層は、図6-2のようにカスケードされた（複数階層につながった）構成になっています。

　また、図6-2では表現しきれていませんが、戦略が長期経営計画、中期経営計画、短期経営計画等に階層化され、さらに本部、部、課、チームへと目標が細分化して設定され、それぞれの達成目標や戦略、戦術、運用が関連していきます。また、達成目標は固定ではなく、達成できれば次の達成目標を設定し、ゴールに向けて前進していくことになります。

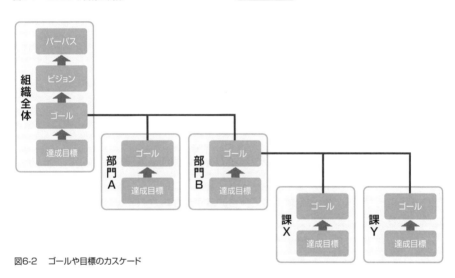

図6-1 ビジョンや目標の関係

図6-2 ゴールや目標のカスケード

MEMO

パーパスとビジョンとミッション

パーパス、ビジョン、ミッションの関係ですが、「パーパスはミッションの中に含まれる」という考え方もありますし、「ビジョン→ミッション→ゴール」と段階的に記載する方法もあります。また、「ビジョン、ミッション、バリュー」をセットとする考え方などもあり、アプローチの方法は様々です。図6-1は、左側に目指すこと、右側にそれを実現するためにすることをまとめた一つの描き方にすぎません。特に「パーパス」については、「企業の存在意義」なのか、「個々のゴールや戦略の目的」なのかによっても位置付けが異なってきます。第5章のコラムにも書きましたが（P.134参照）、2019年のビジネスラウンドテーブルの声明発表以来、パーパスは「企業の存在意義」という意味で使用されることが多くなってきました。

6.3 GRC

　昨今注目されている考え方に「GRC」があります。このGRCも、DPI（特に「方向付けと計画」）とは切っても切り離せませんので、本節では組織の方向付け、計画、改善を進めるうえで理解しておくべきGRCについて紹介しておきましょう

1　GRCとは

　GRCとは、次の3項目を指します。組織が健全に運営されかつ持続可能で継続的に成長するための必須項目として、昨今注目されています（図6-3）。

- ・ガバナンス（Governance）
- ・リスク（Risk）
- ・コンプライアンス（Compliance）

　従来、ガバナンスとリスクとコンプライアンスが個別に管理されていました。そのため、これらが連動した管理ができていなかったり、部門ごとに個別に管理されていたりすることが多く、組織全体として統合的な管理がなされていないことが多いのが実情でした。しかし、昨今はSDGsへの関心の高まりなどを受けて、「持続可能性」や「健全な経営」が企業価値として評価されるようになります。そこで、「GRIスタンダード」をはじめとした外部機関による組織の評価項目として、ガバナンス機関に

> **MEMO**
>
> **GRIスタンダード**
> GRCを実現するための標準規格に「GRIスタンダード」があります。これは、サステナビリティ報告のためのガイドラインの作成・普及を目的としたNGOであるGRI（Global Reporting Initiative）が発表している世界標準（スタンダード）で、正式名称は「GRIサステナビリティ・レポーティング・スタンダード（The GRI Sustainability Reporting Standards)」です。2000年に「GRIガイドライン第一版」が発行され、2016年には「GRIスタンダード」が発行されました。日本においても、このGRIスタンダードを参考にしている企業が多いです。
> https://www.globalreporting.org/how-to-use-the-gri-standards/gri-standards-japanese-translations/

よるリスクマネジメントやコンプライアンスの責任についての情報開示が求められるようになりました。このような背景から、「GRC」（3項目の統合管理）が重視されるようになったという経緯があります。

図6-3　GRC

2　ガバナンス

KeyWord

ガバナンス

組織を指揮またはコントロールするための手段。

出典「ITIL 4 ファンデーション」

　GRCの1つ目の項目「ガバナンス」は、組織の目標を決め、その結果が目標を達成しているかどうかをモニター（監視）することにより、目標を確実に達成するようにコントロールすることです。

　ITIL 4では、ガバナンス分野においてはCOBITを参照しています。COBITとは、ITガバナンスとITマネジメントについてのベストプラクティス集であり、その第5版であるCOBIT 5では、ガバナンスとマネジメントを次のように定義しています。

KeyWord

ガバナンス

ステークホルダーのニーズや条件、選択肢を評価し、優先順位の設定と意思決定によって方向性を定め、合意した方向性と目標に沿って成果や準拠性、進捗をモニターすることで、事業体の目標が達成されることを確実にするものである。

出典: 「COBIT 5 日本語版」

マネジメント

事業体の目標の達成に向けてガバナンス主体が定めた方向性と整合するようにアクティビティを計画、構築、実行し、モニターすることである。

出典:「COBIT 5 日本語版」

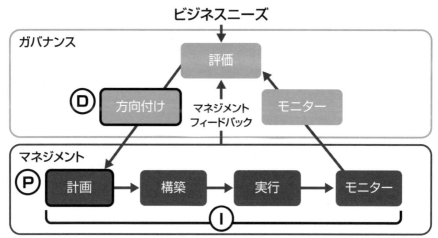

出典: COBIT® 5 日本語版, 図表 15. © 2012 ISACA® All rights reserved.

図6-4　ガバナンスとマネジメント

　なお、COBITについては第2章でも紹介しましたが（P.45参照）、図6-4は、COBIT 5に記載されているガバナンスとマネジメントの関係性を示したものです。本章のテーマであるDPIの「方向付け（D）」は、上述のガバナンスの定義「方向性を定め」に当てはまり、「計画（P）」は、マネジメントの定義「計画」に当てはまります。また、明記されていませんが、マネジメントは「計画、構築、実行、モニター」の活動を繰り返しながら改善することを含みますので、「改善（I）」も当てはまります。

　このように、決めた方向や目標に向かって、計画に基づき実行し、改善を続けるような組織にしていくためには（＝DPIを実現するためには）、ガバナンスの考え方やCOBITが参考になると言えるでしょう。

3　リスク

　GRCの2つ目の項目「リスク」とは、一般的に「何か悪いことが起きそうなこと」を指す言葉として使用されます。（後述の定義の前者）。しかし厳密には、「悪いこと

が起きるか、良いことが起きるか予測がつかないこと（＝不確実性）」という定義がより適切だと言えるでしょう（下記の定義の後者）。

KeyWord

リスク

損害や損失を引き起こす、または達成目標の実現をより困難にする可能性があるイベント。成果の不確実性と定義することもでき、プラスの成果とマイナスの成果の確率測定に関連して使用できる。

出典「ITIL 4 ファンデーション」

実際、めまぐるしく変化する複雑な環境では、少し先のことさえ予測するのが非常に難しくなっています。中期経営計画で3年後の目標を立てても、3年後には状況が全く変わっていることがほとんどでしょう。3年前には想像もつかなかったレベルで、技術もユーザのITリテラシーも進化し、業界再編や国際社会の動きなど外的要因も変化している状況において、中長期の戦略や計画は予定していた数年後に達成できる見込みはほとんどなくなってきています。そのような事態を受け、近年は短期間での戦略の見直しや、短期目標とその達成に基づいた軌道修正を重ねて小刻みに改善していくアジャイルな進め方が注目され始めています。

ここで必要となるのがリスク管理能力です。確実には予測できないのがリスクですから、なるべくリスクを予防し、発生時に影響を最小限にするために、次のような活動を行います。

- ・リスクの存在に気付いたらそれを取り上げる
- ・どれくらいのリスクとなるかを、発生頻度と発生した場合に被る損害から算出する
- ・上記のリスクが発生した際に、耐えられるかどうかを吟味する
- ・耐えられない場合は、対策を打つ

重要となるのは、組織に所属するメンバー一人一人や利害関係者が、「リスクがあるな」と気付いたらすぐに声を上げられる環境を整えることです。リスクは、見つけなければ対処できません。特に変化が激しく複雑な環境では、いかに多角的な視点でこれができるかがポイントとなります。

組織のリスク管理委員などの一握りのメンバーが年に一度、形ばかりのリスクの洗い出しをするのではなく、あらゆる関係者がリスクに気付けば、すぐに共有できる環境を作りましょう。

このような環境が作れれば、たとえ常にリスクが付きまとう環境であっても、リスクとうまく付き合いながら、定めた方向や目標に向かって前進できるようになります。

4 コンプライアンス

KeyWord

コンプライアンス

標準または一連の指針に確実に従っているようにする、または、適切で一貫した会計業務やその他のプラクティスが確実に用いられているようにする活動。

出典「ITIL 4 ファンデーション」

　GRCの3つ目の項目が「コンプライアンス」です。コンプライアンスの元来の意味は「法令順守」ですが、最近では、法規制をはじめとした外部規制や社会規範に準拠した活動を行うこと、また組織内のルールや基準に則った活動を行うことまでを含むようになってきています。

　外部規制や社会規範は、どんどん変化しています。最新の外部規制や社会規範にアンテナを張ってリスク管理を行い、メンバーの意識や言動がコンプライアンス違反となっていないか、最新の世の中の常識にアップデートできているかを確認することは重要であり、必要に応じてルールを決めて、ガバナンスを取ることが必要です。

　特に近年はSDGsへの注目なども高まり、法令順守だけでなく、社会的責任（CSR：Corporate Social Responsibility）を果たすことが、企業価値を高める要素となってきています。

　以上のように、「ガバナンス」と「リスク」と「コンプライアンス」は連動しており、統合的に管理することが、健全な企業経営・組織運営のためには欠かせません。GRCは、次のような点でDPIを支えてくれるでしょう。

・組織の進むべき方向に合わせて、何をすべきで何をすべきでないかを明示することができる
・計画を立て実行するにあたり、リスク管理ができるので失敗を減らし、リスク発生時の悪影響を最小限に抑えることができる
・軌道修正や改善の際にもリスク管理が適用できるので、前進しやすい

6.4 改善

持続的なサービス提供とマネジメントの基礎は「改善」です。変化する環境に対応し、顧客の求める価値を実現し続けるためにも、改善は欠かせません。実際、第2章で紹介したITIL 4のSVS（サービスバリュー・システム）内には、次のように「改善」のつく要素が3つも出てきます（図6-5）。

1. SVC（サービスバリュー・チェーン）の活動の1つである「改善」活動
2. マネジメント・プラクティスの1つである「継続的改善」プラクティス
3. SVS（サービスバリュー・システム）の構成要素の1つである「継続的改善」モデル

本項ではこれら3つの「改善」を軸に、具体的な改善の手法について紹介します。

1 SVCの「改善」活動

SVCの「改善」活動は、昨日より今日、今日より明日と何かしらより良くする活動のことです。次に挙げるように、私達は他の全ての活動と連携しながら日々改善活動を行わなくてはなりません。

- ・「エンゲージ」活動から、顧客やユーザをはじめとした利害関係者の声を受け取り、改善のヒントにする
- ・「提供およびサポート」活動から、実際にサービスを提供した結果やイベント情報などを受け取り、分析し、改善点を探る
- ・「設計および移行」活動や「取得／構築」活動の情報を受け取り、分析し、改善点を探る
- ・改善点が見つかれば具体的な「計画」活動に入る

では、サービスを改善する際に意識すべき点について解説していきましょう。

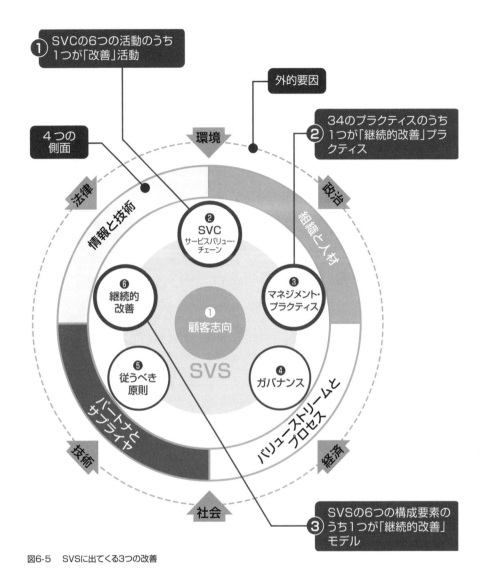

図6-5　SVSに出てくる3つの改善

●利害関係者との価値の共創

　まず重要となるのは、「利害関係者との価値の共創」です。利害関係者の中では顧客が最も重要ですが、サービス・プロバイダ内のメンバーやパートナ、サプライヤ等にとっても価値があるようにサービスを創っていくことが大切です。それによって持続可能なエコシステムを形成することができますし、それこそがSVS（サービスバリュー・システム）が目指し、表現しているものです。

そして「共創」するためには、お互いに歩み寄り、お互いの意見を出し合いながら、共通の目的に向かって協働（コラボレーション）することも大切となります。

●サービスマネジメントの4つの側面

「組織と人材」「情報と技術」「パートナとサプライヤ」「バリューストリームとプロセス」という、サービスマネジメントの「4つの側面」も意識しましょう。4つの側面の詳細は、P.50もご参照下さい。

●サービスの有用性と保証

「サービスの有用性と保証」にも留意すべきです。「有用性」とは、顧客が求めている機能（目的に適った機能）を実現できているかどうか、一方「保証」とは、有用性が使用に適したレベルで提供できているかどうか（可用性、キャパシティ、継続性、セキュリティ）を指します。

●従うべき原則

ITIL 4では「従うべき原則」として、「価値に着目する」「現状からはじめる」「フィードバックを元に反復して進化する」「協働し、可視性を高める」「包括的に考え、取り組む」「シンプルにし、実践的にする」「最適化し、自動化する」という7つの原則がまとめられています。従うべき原則は、サービスに関わるあらゆる利害関係者が拠り所とすべき原則であり、サービスの改善にも極めて有用となります。なお、「従うべき原則」の詳細はP.45もご参照下さい。

●改善結果と定着の可視化

改善を実施した後に、計画通り改善活動を実施できたか、目標を達成したのかどうかを必ず確認しましょう。バグ修正などの単純明快な改善であれば改善されたことは明らかにわかりますが、複雑なものについてはその効果を測定しましょう。そのためには、次の準備も必要です。

- ・改善前の状態（ベースライン）を測定しておく
- ・測定項目、測定頻度、測定ツールを定義しておく

また、プロセスの変更やツールの導入など、働き方が変わるような人に関わる改善の場合は、次の点にも注意しましょう。

・関係者全員が新しいプロセスやツールを理解しているか

・関係者全員が新しいプロセスやツールで仕事をしているか

つまり、新しい働き方が定着しているかどうかを確認することが大切だということです。

2 マネジメント・プラクティスの「継続的改善」プラクティス

「継続的改善」プラクティスは、ITIL 4のマネジメント・プラクティスのうち、「一般的マネジメント・プラクティス」に分類されています。「一般的マネジメント・プラクティス」は、サービスマネジメントに限らず、世の中の一般的な（または他のフレームワークや知識体系を参考にした）プラクティス群です。

「継続的改善」プラクティスでは、SVCの「改善」活動を管理するためのヒントとして、次のような内容がまとめられています。なお、「継続的改善」プラクティスについては、P.234もご参照下さい。

・改善は全員の責務と心得るべし！

・改善も業務の1つと捉え、適切な時間と確保するべし！

・世の中にある様々な継続的改善手法全部に手を出すべからず！

・改善を思いついたら、みんなで記録し、優先付けして実施すべし！

3 SVSの「継続的改善」モデル

SVSの「継続的改善」モデルは、「ビジョニング」の分野から生まれたものであり、改善を積み上げてビジョンを実現するプロセスです。スポーツ選手や経営者など、夢やビジョンを実現した人のそれまでの努力の過程を分析すると、この継続的改善モデルのようになっていることがほとんどです。言い換えると、あらゆる組織にも個人にも適用できる汎用的なものであると言えるでしょう。

このモデルは、SVSの構成要素の1つになっている通り、サービスを提供するうえでの根幹となる考え方であり、DPI（方向付けし、計画し、改善する）に最も総合的に合致するモデルであると言えます。

なお、この継続的改善モデルはあくまで「改善の進め方の概略」と理解して下さい。ビジョンとして設定する内容や、改善したい対象の大きさによって、このモデルは10年や100年単位の長い改善に適用することもあれば、1年や半年等の短

期間の改善に適用することも可能です。このモデルの重要なポイントは、次の3つです。

- ・ゴール（最終目標）を決めてブレずに進むこと（改善を単発で終わらせない）
- ・軌道修正しながら反復的に進むこと（着実かつ現実的に進む）
- ・ゴール（最終目標）を達成するように進むこと（途中でやめない）

上記のポイントを満たすために、ITIL 4では次に挙げる7つのステップを踏むことが重要とされています。では、1つずつ確認していきましょう。

①ビジョンは何か？

最初のステップは、「ビジョンは何か？」を明確にすることです。継続的改善を進めるために、まずはビジョンやゴール（最終目標）を決めましょう。

ゴールは、組織の中長期の目標の場合もあれば、比較的短期間の改善の取り組みの場合もあるでしょう。表現上は「ビジョン」としていますが、このモデルを使用して何を改善したいか、どこまでを目指したいかによって、この最初のステップで定義する内容とその大きさは変えて大丈夫です。

そして、決めた内容を、改善の取り組みに関与する全ての関係者で共有し、共通認識を持つようにしましょう。

>> **例** 全社的にDXを取り入れ、働きやすく成長できる組織にする

参考

変革の8段階のプロセス

ハーバード・ビジネススクール名誉教授でリーダーシップ論の第一人者であるジョン・P・コッター氏は、次のような「変革の8段階のプロセス」を提唱しています（P.208も参照）。

1. 危機意識を高める
2. 変革推進のための連帯チームを築く
3. ビジョンと戦略を生みだす
4. 変革のためのビジョンを周知徹底する
5. 従業員の自発を促す
6. 短期的成果を実現する
7. 成果を活かして、さらなる変革を推進する
8. 新しい方法を企業文化に定着させる

「①ビジョンは何か？」は、上記の3と4に当てはまります。本プロセスでは、その前に権限移譲した変革推進チームを作っておき、ビジョン作成を任せるという進め方を推奨しています。実際、コーポレートビジョンを作成する際などに、社内公募で有志グループを形成して、ビジョンの作成や周知とその後の活動を推進していく企業も多く、有用な方法と言えます。

出典：「企業変革力」（ジョン・P・コッター著、日経BP社刊）

②我々はどこにいるのか？

2つ目のステップは「我々はどこにいるのか？」を明らかにすることです。現状を正しく分析し、評価しましょう。ビジョンに対してどれくらいかけ離れているのか、なるべく数値で可視化することが大切です。現状が客観的に理解できれば、次にどこを目指すべきかを決めることもできますし、改善活動をした結果を測定して現状と比較すれば、改善の達成度も可視化できるようになります。

この現状のことを、ビジョンや改善結果と比較する基礎となる値（線）という意味で、現状を「ベースライン」と呼びます。改善予定の内容について測定するのはもちろんですが、改善の効果と副作用は他のところにも出る可能性があるので、少なくとも前述した「サービスマネジメントの４つの側面」と「サービスの有用性と保証」については測定するようにしましょう。

特に、組織や人に影響を与えるような大きな変更の場合は、心理的な影響が出て抵抗が発生する可能性が高いので、そのような点についての測定も実施したほうがよいでしょう。

>> 例
- リモートワークの推進により、オンライン会議を使用するようになったが、まだ全員が経験はしていない（参加経験者80％、開催経験者5％）
- RPAなどの自動化は行っていない（RPA実績0％）
- 社内の各種申請はワークフローで申請者から責任者へ承認依頼が提出されるが、ハンコ文化も残っていて、部長以上からは印刷して押印している（紙申請100％）

③我々はどこを目指すのか？

3つ目のステップは「我々はどこを目指すのか？」を明らかにすることです。

ここで明確にするのは、1つ目のステップのビジョンやゴール（最終目標）ではなく、最終目標に辿り着くためにまずは達成すべき「達成目標」です（図6-6）。最終目標に辿り着くには、いくつもの達成目標をクリアしていく必要があります。

現状を分析したら、最終目標とのギャップが明確となるので、そのギャップ分析の結果を元にどのような活動を実施するべきかを洗い出し、優先度をつけましょう。内容によっては複数を並行で実施すべき場合もありますし、第2、第3のステップに分けて順次実施すべき場合もあります。どのような進め方にすべきかは、改善の内容や改善活動に割くことのできるリソース、状況等によって判断して下さい。大切なことは、具体的で実現可能な達成目標を設定することです。

>> 例　1年間でハンコをなくす

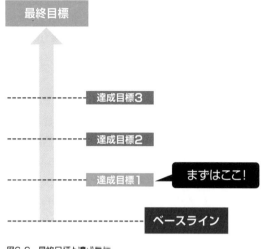

図6-0　最終目標と達成目標

　このとき、測定項目を決めることも忘れてはいけません。「進捗状況はどの程度か」「達成目標を達成できたか」を可視化できるよう、測定項目や測定頻度、測定ツールも、達成目標を定めるタイミングで定義しましょう。

　具体的な測定項目としては、CSFとKPI、OKRが挙げられます（CSF とKPI 、OKR については、P.212で詳しく解説しています）。

KeyWord

CSF(Critical Success Factor:重要成功要因)

意図した結果を実現するために必要な前提条件。

出典「ITIL 4ファンデーション」

KeyWord

KPI(Key Performance Indicator:重要業績評価指標)

達成目標の達成度を評価するために使用される、重要な測定基準。

出典「ITIL 4ファンデーション」

KeyWord

OKR(Objectives and Key Results:目標と主要な結果)

目標とその結果を定義および追跡するためのフレームワーク。

出典「ITIL 4 Digital & IT Strategy」（拙訳）

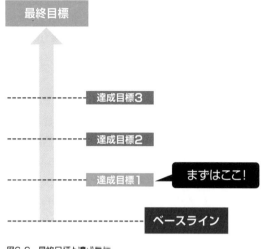

どの測定項目を選択するかは目的や状況によって異なり、どちらが優れているということはありません。

どの測定項目を選択するにせよ、目標や測定項目を定義する際には、SMARTの次の要件を満たしておくことが重要となるので留意しましょう。

- Specific（具体的な）　　　　　：曖昧性がなく、明確であること
- Measurable（測定可能な）　　：測定でき、数値化できること
- Achievable（達成可能な）　　：現実的な達成できる目標を設定すること
- Relevant（関連した）　　　　：最終目標や成果に関連性がある目標が測定項目であること
- Time-bounded（期限を定めた）：期限が決まっている目標、期限内に測定できる項目であること

④どのようにして目標を達成するのか？

4つ目のステップは「どのようにして目標を達成するのか？」を決めることです。

3つ目のステップで設定した「達成目標」を達成するために実施すべき活動内容を計画します。

頭の中で考えるだけでなく、何を行うか文字で書き表し、関係者の間で共通認識を持ちましょう（図6-7）。

>> 例　比較的ハンコによる承認処理の少ない部署でまずは実施してみる

活動内容は複数種類にわたるものもあります。非常に単純明快に決まるものもありますが、試してみないとわからないものもあります。

複雑さによって計画の立て方や解決の方法が異なりますが、これにはP.140で紹介したクネビンフレームワークに代表される「複雑性思考」が参考になるでしょう。

⑤行動を起こす

5つ目のステップは「行動を起こす」ことです。ステップ4で決めた計画を実施します。測定項目を測定することも忘れないようにしましょう。

⑥我々は達成したのか？

6つ目のステップは、「我々は達成したのか？」を検証することです。ステップ5の実施とその測定結果を元に、ステップ4で決めた計画をどこまで実施できたか、ステップ3で決めた達成目標に到達したかを分析し、評価しましょう。

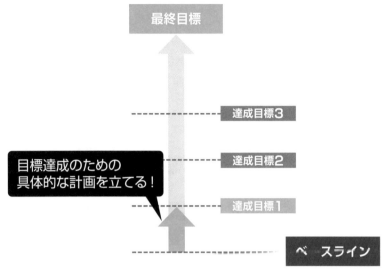

図6-7　どのようにして目標を達成するのか？

　もし達成できていれば、ステップ3「我々はどこを目指すのか？」に戻り、次なる目標（図6-8の「達成目標2」）を設定して、後は同じようにステップ4, 5, 6と繰り返していきます。

　また、達成できていなければ、何が悪かったのか分析して、ステップ4「どのようにして目標を達成するのか？」を軌道修正し、改めてステップ5、6へと進みます。

>>例
　　・問題なく、対象部署でハンコが撤廃できた→次の部署に展開する
　　・ハンコが撤廃できなかった→何が問題だったのか分析する

　なお、ステップ3～6の進め方は、ウォーターフォール型とアジャイル型の2パターンがあります。もちろん、達成目標の大きさや活動内容の複雑さにもよりますが、少しずつ時間を区切って結果を出し、状況に応じた軌道修正を行うアジャイル型のほうがおすすめです。

⑦どのようにして推進力を維持するのか？

　最後のステップは「どのようにして推進力を維持するのか？」を検討することです。多くの改善は、活動が1つ終わると終了し、単発の作業を実施して満足してしまいがちです。しかし、実際は図6-8のように、まだ1つ目を達成したにすぎません。ビジョンや最終目標を達成するためには、次のようなことを工夫していきましょう。

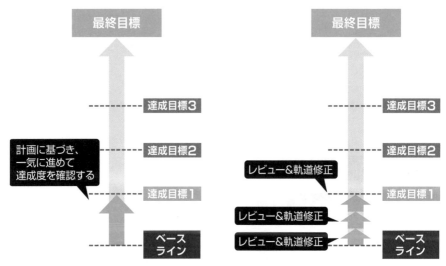

図6-8　改善の進め方

●達成したという結果とその成果を関係者にアピールする

達成した結果と成果を関係者にアピールしましょう。これは "Small Start, Quick Win（小さく始めて、短期間に結果を出す）" の手法です。改善の取り組みが成果につながっていることを伝えることにより、「本当に改善できるのか？」「面倒そうだな」と感じていた周囲を協力的な気持ちに変え、さらには巻き込んで改善の輪を広げることができます。

●ビジョンや最終目標を何度も繰り返し伝える

ビジョンや最終目標を、繰り返し伝えましょう。最終的に何を目指しているのかについての共通理解を持つことにより、協働（コラボレーション）して改善活動が進むようになります。

●改善すること自体をカルチャに埋め込む

何よりも大切なのが、改善すること自体をカルチャに埋め込み、それが当たり前になることです。改善すること、変化することに抵抗が少ない組織は、無限に進化し続けることができます。これこそが、TPS（トヨタ生産方式）やリーンの基本の考え方です。ビジョンや最終目標を達成するには、改善し続けるカルチャが何より重要なのです。

6.5 組織変更の管理

「改善」するとは「変更」することです。改善し続けるということは、組織とその組織に関わる人々は常に「変更」にさらされるということを指します。それは、言うまでもなく結構大変なことです。誰しも、変わらないほうが楽だからです。それでも、より良い価値を顧客に届け続けるためには、改善し続ける、変わり続けることが必須です。ITIL 4では、組織と人が比較的スムーズに変更を受け入れ、進化できるようにするためのヒントが、「組織変更の管理」プラクティスとしてまとめられています（「組織変更の管理」プラクティスはP.242もご参照下さい）。

KeyWord

組織変更の管理の目的

組織で変更が円滑かつ成功裏に実施されることと、変更における人に関わる側面を管理して、持続的なメリットの実現を確実にすること。

出典「ITIL 4 ファンデーション」

なお、組織変更の管理についてITILで初めてまとめられたのが、ITIL 4 の前身である「ITIL プラクティショナガイダンス」という書籍です。この書籍では、組織変更管理の注意点について、「危機管理を生み出す」「利害関係者管理」「抵抗管理」「権限移譲」「コミュニケーション」「定着、強化」の6つのポイントに分けて、わかりやすくまとめられています（図6-9）。

ここからは、それぞれについて解説していきましょう。

1. 危機意識を生み出す

1つ目のポイント「危機意識を生み出す」は、前述のJ.P. コッター氏の「変革の8段階のプロセス」の第一ステップ「危機意識を高める」と同じです。基本的に人間は変化を嫌い、変化を避けようとします。だからこそ「今変わらないと危機が迫ってきているんだぞ！」「ゆでガエルになるぞ！」と伝え、今のままではいけない、変わらなければという危機意識を生み出すことが重要となります。

2.利害関係者管理

「利害関係者管理」とは、主要な利害関係者を洗い出し、それぞれがこれから進め

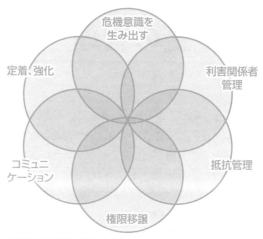

図6-9　組織変更の管理のポイント

ようとしている変化に対して協力的なのか、非協力的なのかの現状分析を行い、今後どう変化してもらいたいのかを検討することです。例えば、「財務部長は現在、DX化に否定的で反対派だが、半年後には協力的になっておいてもらいたい」というような分析と計画を行うのです。これを元に、誰にどのようにアプローチしていくかを具体的に決めていきます。

3.抵抗管理

　変更には必ず抵抗が生まれます。しかし、全ての抵抗がおしなべて同じように反対しているわけではありません。例えば、不安から来る抵抗もあれば、リスクが見えていてアドバイスをしたいという心理から来る抵抗もあるでしょう。したがって、次のようなことを実施しながら、抵抗として発露した様々な意見を管理し、変更がスムーズかつ低リスクに進むようにしていく必要があります。これが「抵抗管理」です。

　　・意見や質問を受け付ける受け口を作る
　　・なぜ抵抗しているのかを分析する
　　・各抵抗の理由に基づいた適切な対応を行う

4.権限移譲

　この「権限移譲」も、J.P.コッター氏の「変革の8段階のプロセス」の「2. 変革推進のための連帯チームを築く」や「5. 従業員の自発を促す」と同じ意味合いです。適切に権限移譲することにより、メンバーが変化することを自分達の責務と捉え、自

5.コミュニケーション

適切な「コミュニケーション」も重要です。次の5つのポイントを意識しながら、より良いコミュニケーションを取っていきましょう。

①コミュニケーションは双方向的なプロセスである

コミュニケーションは一方通行ではなく、双方向に情報をやり取りして成り立つものです。一方的に話すのではなく、相手の話にも耳を傾けましょう。また、相手に適したコミュニケーション手段を選択しましょう。

②私達はいつもコミュニケーションを取っている

会話だけがコミュニケーションではありません。ジェスチャーをはじめとした非言語コミュニケーションも含め、様々な方法で情報の送受信を行いましょう。

③タイミングと頻度が鍵

相手に自分の意見や情報が伝わって、初めてコミュニケーションと言えます。相手が受け取りやすいタイミングや頻度にも気を配りましょう。

④あらゆる人に通じる唯一のコミュニケーション手段はない

受け取りやすいコミュニケーション方法は、人それぞれ異なります。常にいつも同じ方法で情報発信していると、受け取れていない人がいるかもしれません。特に大勢に情報発信する場合は、オムニチャネル（複数のコミュニケーション方法）を組み合わせ、反応を確かめるようにしましょう。

⑤メッセージを伝える適切な手段を選択すること

伝えたいメッセージは、簡潔でわかりやすい文章で、必要に応じて図表を使用したり強調したりして、相手に伝わりやすい工夫をしましょう。

6.定着、強化

最後のポイントである「定着、強化」も、J.P.コッター氏の「変革の8段階のプロセス」の「8.新しい方法を企業文化に定着させる」と共通です。最終的にはP.168の「継続性改善モデル」で紹介した「改善すること自体をカルチャに埋め込む」にあるように、改善を定着させ、改善することが当たり前の状態にしていきましょう。

後日譚 ～DPIで解決！～

　従業員に方向性を指し示すことは、組織を牽引していくために非常に大切な要素です。今回のケースでも、社長が示した「DXを推し進める」という方向性は悪くはないのですが、DX化という手段が目的になってしまっていた点に問題があったと言えるでしょう。「そもそも何を目指すのか」「何のためにDX化するのか」が明確ではなかったので、様々な解釈ができてしまい、「とにかく何でもいいからRPAをたくさん作ればよい」となってしまったわけです。

　では、実際にはどうすればよかったのでしょう。解説でも触れた通り、まずはビジョンやミッションを改めて定義し、そのためにDX化が必要なのだということを社員に説明するべきでした。おそらく社長は、「ITへの苦手意識が強い」「ITリテラシーが低い」「ITについて社員間で教え合うようなカルチャ（文化）がない」など、自社の現状の問題点を何となく感じていたのかもしれません。

　ですから今回、「ITの苦手意識」を払拭し、DX化を受け入れる文化的素地を作るために、みんなでRPAを作ってみることを提唱したに違いありません。しかし、それをしっかり言葉にして伝えなかったために、何のためにRPAを作って社内発表会をしているのか、社員に伝わらなかったのです。このような「予防できていたはずだ」「もっとうまくやれたはずだ」というのは、P.137で紹介した「後知恵バイアス」です。こうならざるを得なかったもっと本質的な原因があったに違いありません。

　ただ今回は、とにもかくにもしばらく実施してみたわけですから、「社員のITの苦手意識を減らす」という目標は達成できたのが今の時点だと言えます。

　したがって、ここから次の目標を設定し、実行に移すのがよいでしょう。例えば、

・今度は有料のRPAを導入し、統合的な管理を開始する
・業務プロセスを最適化し標準化したうえで、RPA化する
・RPA作成や変更のルールを決め、運用体制も整備する
・効果を測定し、投資対効果を算出する

……という具合です。こうすれば、これまでがむしゃらにRPAを作ってきた経験が活かされると思います。このように、組織が同じ方向に向いて進むためには、関係者が納得したほうが、推進力が強化されます。ですから、明確なビジョンや目標を設定し、それを伝えることが非常に大切になるわけです。

　また、概要レベルの方向付けだけだと様々な解釈ができてしまい、組織全体で見るとブレやバラつきが大きくなってしまうことがあります。当然リスクも高まるでしょうし、それをリスクと認識して提言してくれる人も少なくなるはずです。なぜなら「基準」がわからないので、リスクかどうかが判断できないからです。

　したがって、ある程度の枠組みやルールやコントロールするための仕組みも必要となります。その枠組みの中で、一人一人がのびのびと働くことができ、同じ方向に向かって建設的に意見交換をしながら励むことができる仕組みを作ることが、DPIが主眼としているポイントです。そこには持続可能性の観点も含まれ、中長期でのビジョン達成に向けた息の長い改善の取り組みの大切さが含まれています。

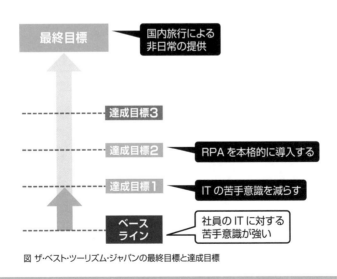

図 ザ・ベスト・ツーリズム・ジャパンの最終目標と達成目標

この章のまとめ

☐ DPIとは

方向付けし、計画し、改善すること。

☐ 方向付け

ビジョンや最終目標など、どこを目指すのかを定義し、共有すること。

☐ GRC

ガバナンス（Governance）、リスク（Risk）、コンプライアンス（Compliance）の頭文字。組織の健全な運営のために、近年はこの３項目を統合的に管理することが重視されるようになりつつある。

☐ 改善

今よりも良くすること。価値あるサービスを提供し続けるためには必須の考え方。ITIL 4 では次の３か所に「改善」が登場する。

- ・SVCの「改善」活動
- ・マネジメント・プラクティスの「継続的改善」プラクティス
- ・SVSの一要素である「継続的改善」モデル

☐ 組織変更の管理

組織と人が比較的スムーズに変更を受け入れ、進化できるようにするためのヒント。

☐ 改善するカルチャ

改善すること自体が当たり前で、変化することに抵抗が少ない組織は、無限に進化し続けることができる。

第7章

デジタル戦略とIT戦略

― DXの旅に出よう！ ―

DITS
Digital and IT Strategy

DXを進めていくには、一体何をすればよいのでしょうか？ ここでは、DX戦略を立て、それを実現していく流れについて紹介していきます。本章の内容は、これまでの章で扱ってきたITILの内容を総動員したものと言えます。

ITIL スペシャ リスト	ITIL スペシャ リスト	ITIL スペシャ リスト	ITIL ストラテ ジスト	ITIL リーダー
CDS Create, Deliver & Support	DSV Drive Stakeholder Value	HVIT High Velocity IT	DPI Direct, Plan & Improve	DITS Digital & IT Strategy

ファンデーション

この章の解説範囲

ケーススタディ

　神保町眼科クリニックは、東京都千代田区のビジネス街に本社を構える眼科です。関東圏を中心に全国にグループを展開しており、全国で合計12店舗を経営しています。この病院では、近視、遠視、乱視、老視や眼精疲労、花粉症を含む各種結膜炎、白内障、緑内障、外傷、ドライアイ等様々な症状に、高度な知識と経験を持つ複数の医師で対応しています。また、レーシック手術やコンタクトレンズ外来等のサービスも提供しており、老若男女問わず、様々な世代のお客様に利用されてきました。

　神保町眼科クリニックのモットーは「お客様第一」です。お客様の生の声を集めるべく、院内には必ず「ご意見箱」を受付の横に設置し、お客様の意見を投函してもらうようにしています。ただ悩ましいのは、なかなかご意見箱への投函が集まらないことでした。意見を手書きするのは、お客様にとって敷居が高いのかもしれません。

　そこで、神保町眼科クリニックでは、Webサイトにも「ご意見箱」というメニューを設けることにしました。こうすれば、より手軽に意見を書き込んでもらえると判断したからです。案の定、Webサイトには様々な声が寄せられました。特に多かったのは次のような意見です。

・待ち時間が長すぎる
・せめてあとどれくらい待たなくてはいけないのか知りたい

　そこで、神保町眼科クリニックでは、お客様に番号券を発行し、待合室の電子掲示板に「現在診察中の番号」「次に呼ばれる番号4人ぶん」を表示するようにしました。

　さらに、待ち時間の体感速度を短くするための工夫として、待合室に雑誌を用意しておくだけでなく、テレビを設置する等の改善を行いました。

しかしながら、待ち時間についての顧客満足度はなかなか上がりません。

・15分前になったらメールで呼び出してほしい
・診察が終了してから請求書が出るまで待たされるのを何とかしてほしい
・コンタクトレンズを系列の眼鏡屋さん（隣の店舗）で購入するのに時間がかかりすぎる

等々の意見が、毎日のように寄せられます。近年のお客様は、レストラン等で日常的にスマートフォンを活用した様々なデジタル体験を経験しているため、眼科にも同様の体験（＝価値）を求めているのかもしれません。

　実際、このようなサービスを開始した競合他社も増えてきており、神保町眼科クリニックとしても、このDX（デジタル・トランスフォーメーション）の波への対応について、判断を迫られていると言えそうです。

　しかし、一言でDXと言っても、実際には何をすればよいのでしょう。中には、次のような疑問を持つ方もいるかもしれません。

・最新技術を導入すれば顧客満足度は上がるのか？
・一体何にどれくらい投資すればよいのか？
・やっぱりAIは必要なのか？
・さらに新しい技術が出てきたときはどうすればよいのか？

　昨今注目されているDXとは、そもそも何なのでしょうか？　また、DXに対応していくためには、何が必要なのでしょうか？

　本章では、そのための主要なポイントについて解説していきます。

7.1 「DX」とは?

最近よく耳にするDXという言葉ですが、そもそもどういう意味なのでしょうか? なぜ今、DXが注目されているのでしょうか? DXについては第5章でも少し触れましたが、改めてDXとは何かについて紹介しましょう。

1 DXの起源

「DX（デジタル・トランスフォーメーション）」は、スウェーデンのウメオ大学のエリック・ストルターマン教授が、2004年に発表した論文 "Information Technology and the Good Life"の中で提唱した言葉です。その論文では、「ITの浸透が、人々の生活をあらゆる面でより良い方向に変化させる（Wikipediaより引用)」という仮説として提示されています。つまり、かなり広い意味合いで解釈可能な言葉だったと言えます。

2 経済産業省の定義するDX

2018年に、我が国の経済産業省が「DXレポート」「DX推進ガイドライン」を発表しました。「DX推進ガイドライン」では、DXは次のように定義されています。

KeyWord

DX（デジタル・トランスフォーメーション）

企業がビジネス環境の激しい変化に対応し、データとデジタル技術を活用して、顧客や社会のニーズをもとに、製品やサービス、ビジネスモデルを変革するとともに、業務そのものや、組織、プロセス、企業文化・風土を変革し、競争上の優位性を確立すること。
参考：https://www.meti.go.jp/press/2018/12/20181212004/20181212004-1.pdf

また、DXレポートでは、企業におけるITシステムに関連する将来的な課題と対策方法についてまとめられており、「2025年の崖」をキーワードに、DX化を国を挙げて推進することが急務であることが発表されました。

参考：https://www.meti.go.jp/press/2018/09/20180907010/20180907010.html

「2025年の崖」とは、「複雑化・老朽化・ブラックボックス化した既存システムが残存した場合、2025年までに予想されるIT人材の引退やサポート終了等によるリスクの高まり等に伴う経済損失は、2025年以降、最大12兆円／年（現在の約3倍）にのぼる可能性がある」というものです。つまり、DXを進めないと、2025年以降、年間最大12兆円の経済損失が出る可能性があるということです。

3　ITIL 4が定義するDX

第5章でも紹介しましたが、ITIL 4では、DXは次のように定義されています。

KeyWord

DX（デジタル・トランスフォーメーション）

デジタル以外の手段によっては実現できない可能性がある組織の目標を実現するうえで、大きな改善を可能にするデジタル技術を利用すること。

出典「ITIL 4 Digital & IT Strategy」（拙訳）

「トランスフォーメーション（Transformation)」という言葉は、「変形」「変化」「変質」「変換」等と訳され、「大規模な変更」を意味します。すなわち、

・これまでとは異なる方法で行うこと
・これまでとは異なることを行うこと
・物事の見方、考え方を変えること
・異なる物事について考えること

と言えます。

　これを冒頭のケーススタディに登場した神保町眼科クリニックに当てはめると、お客様のニーズに応えるための施策の一例として、次のようなものが考えられるでしょう。

・これまでは患者が番号を渡され、自分の番が来るのを待合室で待っていたが、これからは約15分前（または患者が指定した待ち時間）になると、スマートフォンに呼び出しの連絡が来る
・これまでは患者が自発的に通院していたが、これからは過去の通院履歴や他の眼科や医療機関での診察結果、GPSでの所在地等から、最適なタイミングでの通院のお知らせが、イベントやポイント付与と連携した魅力あるコンテンツとして提供される

・毎日の眼の体操のスマートフォンアプリでポイントを貯めると、瞳にまつわるケア用品や化粧品等が当たり、体験データが蓄積されて新たな眼病予防の研究に活用される。また、脳神経外科との共同開発により、脳の病気の治療薬開発に貢献する

　もちろん、このような大規模な変更は、一気に進めることはできません。時には一気に実施することもありますが、小さな変更を数多く行って達成を積み重ねるほうが、成功するケースが多いとされています。「従うべき原則」の「フィードバックをもとに反復して進化する」は、まさしくこのDXを成功裏に実現するための原則と言えます（「従うべき原則」についてはP.45をご参照下さい）。

4　デジタイゼーションとデジタライゼーション

　DX＝IT化と解釈されることも多いのですが、実はこれは間違いです。単純にこれまで手作業で行われていた仕事をIT化することは「デジタイゼーション」と呼び、DXの"D"である「デジタライゼーション」とは分けて考えます。

KeyWord

デジタイゼーション

情報を2進数で表現することにより、何か（テキスト、音声、画像など）をアナログ形式からデジタル形式に変換するプロセス。

　　　　　　　　　　　　　　　　出典「ITIL 4 Digital & IT Strategy」（拙訳）

　つまり、「デジタイゼーション」とは、アナログからデジタルに変換する技術的なプロセスのことであり、例えば次のようにITを活用して効率化を図るものです。

・紙に書き留めていた作業 ➡ **Excelを活用する**
・手作業でExcelやデータベースに入力していた作業 ➡ **RPAで自動入力する**

MEMO

RPA(Robotic Process Automation)
人間がコンピュータ上で行っている定型作業を、ソフトウェアロボットを活用して自動化する取り組みや仕組みのことです。

　これに対して「デジタライゼーション」は、デジタル技術を活用することにより、ビジネスモデルや業務プロセスを変換することであり、例えば次のような事柄が挙げられます。

・自動車販売 ➡ カーシェアリング
・ハンコ文化 ➡ 電子署名を実装し、承認プロセスも変更して意思決定の迅速化を図る

つまり、アナログからデジタルへ進化することを「デジタイゼーション」、さらにそこからビジネスモデルや業務プロセスも変えて進化することを「デジタライゼーション」と呼び、デジタライゼーションにより大きく変化することを「DX（デジタル・トランスフォーメーション）」と呼ぶ、と言えるでしょう。

当然ですが、アナログから一足飛びにデジタライゼーションを行うことはできません。デジタイゼーションにより、データをITシステムに蓄積したり、ユーザのITリテラシが向上したりという基盤ができたうえで、初めてDXへと進化することができます。

すなわち、図7-1のように、「デジタル化1.0」「デジタル化2.0」と進化していくとイメージするとよいでしょう（「デジタル化1.0」「デジタル化2.0」は、著者の造語です）。

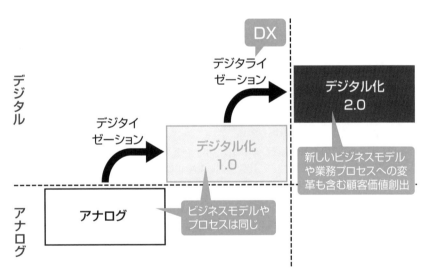

・アナログからデジタルへ進化すること＝デジタイゼーション
・ビジネスモデルや業務プロセスも変えて進化すること＝デジタライゼーション
・デジタライゼーションにより大きく変化すること＝DX

図7-1　デジタイゼーションとデジタライゼーション

7.2 DXの戦略

　近年は全世界を挙げてDXが推進されているわけですが、個々の企業に落とし込んで考えると、それぞれの企業の事業戦略の中でのDX戦略の位置付けは異なってきます。本節では、DXを推進するにあたって、企業内で検討すべき「3つの戦略」と「2つのモデル」についてご紹介します。

1　3つの戦略

　DXを考える際には、次の3つの戦略とその関係を検討することが重要です。

・事業戦略　　　　・IT戦略　　　　・デジタル戦略

> **KeyWord**
> ### 事業戦略
> 組織がその目的をどのように定義し達成するか。
> 　　　　　　　　　　出典「ITIL 4 Digital & IT Strategy Glossary」（拙訳）

> **KeyWord**
> ### IT戦略
> 組織のIT部門が組織の事業目標をどのようにサポートするか。
> 　　　　　　　　　　出典「ITIL 4 Managing Professional 移行 用語集」

> **KeyWord**
> ### デジタル戦略
> 目標と目的を達成するために、全てまたは一部をデジタル技術に基づいている事業戦略。
> 　　　　　　　　　　出典「ITIL 4 Digital & IT Strategy Glossary」（拙訳）

　「事業戦略」や「IT戦略」は従来からあるものですが、これに「デジタル戦略」が加わるのがDXの特長です。上記の定義にあるように、デジタル戦略は事業戦略の一部と言えますが、IT戦略とも密接に連携します。それらの関係はいくつかのパターンがあり、どのパターンが最適なのかは、企業によって様々です。

事業戦略		
デジタル戦略		
IT戦略		

・事業戦略とそれを「支える」IT戦略という関係が明確に分かれる
・デジタル戦略は事業戦略の一部で、事業戦略をドライブするために貢献する

パターンA

事業戦略	
デジタル戦略	
IT戦略	

・デジタル戦略を推進するにあたり、IT戦略がその支えとなっている
・ITは単純なインフラではなく、技術戦略の要として、デジタル戦略を支える

パターンB

事業戦略	
デジタル戦略	IT戦略

・デジタル戦略とIT戦略がほぼ一体となって動く
・デジタル戦略とIT戦略が、事業戦略の中核(もしくはそのもの)となっている

パターンC

図7-2　3つの戦略の組み合わせパターン(例)

　例えば、主なパターンとしては、図7-2のようなものが考えられます。

　パターンAは、事業戦略とそれを「支える」IT戦略という関係が明確に分かれていて、データセンターやインフラストラクチャ(基盤)としてITを捉えて運営しているケースです。デジタル戦略が事業戦略の一部として生まれ、事業戦略を大きくドライブする(牽引する)形で進む際に、ITはその基盤としてデジタル戦略実現にも貢献します。

　一方パターンBは、デジタル戦略を推進するにあたり、IT戦略がその支えとなっているケースです。ITが単純なインフラストラクチャ(基盤)ではなく、技術戦略の要としてデジタル戦略も支え、一緒に進んでいくことで事業戦略を推進します。また、デジタル戦略も含めて、組織全体としてどのようなITアーキテクチャが必要かなどもIT戦略で検討します。

　最後のパターンCは、デジタル戦略とIT戦略がほぼ一体となって動き、事業戦略の中核(もしくはそのもの)となっているケースです。例えば、Uber Eatsのようなデジタル技術を活用することをコアビジネスとして生まれた企業は、パターンCと言えるでしょう。

2　2つのモデル

　これら3つの戦略のどの関係を採用するかを検討すると同時に、それぞれの戦略の内容を考え、実現していくことが必要です。

　そこで参考になるのが、「ビジネスモデル」と「オペレーティングモデル」の2つのモデルです。

●ビジネスモデル

ビジネスモデルとは、顧客に価値を提供して収益を上げるための仕組みのことを指します。「何を誰に提供するのか？」「それはどのような価値があるのか？」「顧客との接点は？」「どのような活動を行うのか？」「パートナ企業は？」「売上とコストの関係は？」などをまとめ、戦略が実現可能か、抜け漏れがないかを確認することができます。

参考となるツール（手法）に「ビジネスモデル・キャンバス（BMC）」があります。これは、スイスの学者Alexander Osterwalder氏によって2005年に開発されたもので、ビジネスモデルを9つの要素に分解して1枚のキャンバスに収める手法です。

なお、現在は、スイスのコンサルティング会社Strategyzer社によって展開されています。（ビジネスモデル・キャンバスについては本章の後半でもう少し詳しく紹介します）。

参考：https://www.strategyzer.com/canvas/business-model-canvas

KeyWord

ビジネスモデル

戦略に基づいて顧客に価値を提供するために、組織がどのように構成されるべきかについての正式な説明。

出典「ITIL 4 Direct, Plan and Improve」（拙訳）

●オペレーティングモデル

これに対してオペレーティングモデルは、より具体的に「どのようにして顧客に価値を提供するか」と「その組織をどのようにして運営するか」をまとめるものです。

参考となるツール（手法）に「オペレーティングモデル・キャンバス（OMC）」があります。Andrew Campbell氏とMikel Gutierrez氏、Mark Lancelott氏の3名により提唱されたもので、オペレーティングモデルについて、POLISMの6要素の頭文字からなる項目を1枚のキャンバスに収めます（表7-1）。なお、詳細や最新のツールや事例については、以下で紹介されています。

参考：https://operatingmodelcanvas.com/

オペレーティングモデル

組織が顧客やその他の利害関係者とどのように価値を共創するか、および組織がどのように運営されているかを概念的および／または視覚的に表現するもの。

出典「ITIL 4 Direct, Plan and Improve」(拙訳)

要素	概要
Process	価値提供のための活動(ITILにおける4つの側面の「バリューストリームとプロセス」や、「SVC(サービスバリュー・チェーン)」と言える)
Organization	価値提供の活動を行う人々とその構造(ITILにおける4つの側面の「組織と人材」と言える)
Locations	働く場所(地域や環境)とその場所に必要な資産
Information	価値提供の活動に必要な情報システム(ITILにおける4つの側面の「情報と技術」と言える)
Suppliers	価値提供のためにインプットを提供する組織と、その組織との関係(ITILにおける4つの側面の「パートナとサプライヤ」と言える)
Management systems	組織を運営するにあたり必要な計画立案、予算管理、パフォーマンス管理、リスク管理、継続的改善、人材管理等

表7-1 オペレーティングモデルの6要素(POLISM)

3 DXを支える「デジタル技術」とは

DXを支える技術である「デジタル技術」についても、さらに詳しく説明しておきましょう。「デジタル」という言葉は昔からあり、「アナログ」の対義語です。

デジタル

整数のような数値によって表現される(飛び飛びの値しかない)ということ。

出典「Wikipedia」(2022年1月現在)

アナログ

連続した量(例えば時間)を他の連続した量(例えば角度)で表示すること。

出典「Wikipedia」(2022年1月現在)

DXという言葉を聞いた人の中には、「『デジタル』って言葉は昔からあるのに、デジタルに変革(トランスフォーム)するってどういうことだろう?」と疑問に思う人もいるかもしれません。その解として、ITIL 4 ではDXを支える「デジタル技術」を次のように定義しています。

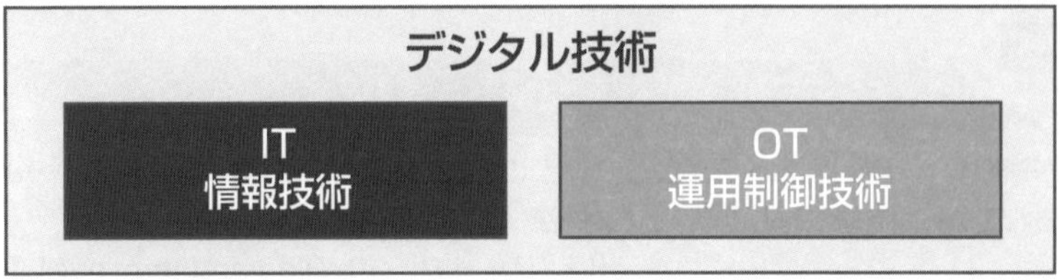

図7-3　デジタル技術とITとOT

つまり、DXの文脈において「デジタル技術」には、情報技術（IT）と運用制御技術（OT）の一部が含まれると言えます（図7-3）。

KeyWord

デジタル技術（Digital technology）

何かをデジタル化したり、デジタルデータを処理したりする技術。デジタル技術とは、情報技術（IT）と、デジタル化された運用制御技術（OT）の一部を指す。

出典「ITIL 4 Digital & IT Strategy」（拙訳）

●情報技術（IT）と運用制御技術（OT）

KeyWord

情報技術（IT:Information Technology）

データを保存、取得、送信、および操作するためのデジタル技術の適用（データ処理）。多くの場合、ビジネスまたは他の種類の組織の文脈で使用される。

出典「ITIL 4 Digital & IT Strategy」（拙訳）

KeyWord

運用制御技術（OT:Operational Technology）

監視および／または制御を通じて物理デバイスの変化を検出または引き起こすためのデジタル技術の適用。

出典「ITIL 4 Digital & IT Strategy」（拙訳）

情報技術（IT）は、その名の通り、情報を利用者が使えるようにするための技術です。したがって、ハードウェアとソフトウェアで構成される仕組みである、いわゆる「ITシステム」であり、データの蓄積やデータ処理を行い、情報の生成や送受信、共有などを行うための技術だと言えます。企業の情報システム部門やIT部門と呼ばれる部署は、この技術を活用することを目的とした組織です。

一方、運用制御技術（OT）は、デジタル化されたデータを使用して活動するための技術です。例えば、工場やビル、交通手段などの製品や設備、システムを制御し運

用する技術等が当てはまります。

　これまでは、ITとOTの分野は別々に分けて管理され、発展してきました。例えば、建築現場でビルを建てる機械やダンプ車、クレーン車などの制御の技術（OT）と、その従業員の出退勤管理システムや経費精算システム、社内の情報共有のためのファイルサーバやメールシステムなど（IT）は、あまり接点がありませんでした。

　しかし、昨今の技術の進化により、それらがつながり始めています。例えば次のような、ITとOTの連携・融合によるDX促進の例は珍しくなくなっています。

- IoT（Internet of Things）技術により、クレーン車に搭載されたセンサーが建築現場の資材の置き場所や在庫を自動的に検出して不足部品の警告を総務部門の担当者にメールしたり、自動で注文して手配したりする
- ドローンが農作物の発育状況をカメラで撮影しながらAI（人工知能）と連携して分析し、最適な水やりや害虫駆除ができ、収穫予測のレポートを出力して担当者にメールする
- 工場でセンサーが24時間365日ガス漏れを監視しており、かつAIによって日々学習して、より正確な検知ができるようになっている。怪しいと感じたらその日の当直の担当者にメッセージを送信し、担当者は現地に向かって、専用のカメラを搭載したゴーグルで状況を確認し、必要に応じて適切な対処を取る。対処法はゴーグル経由で音声を使って社内のナレッジシステムの検索ができ、必要な部品が倉庫のどの棚の何番目にあるか、その部品の使い方などもゴーグルに表示されるので間違わずに作業ができる
- SNSの人気急上昇ワードを元に、AIが地域ごとの注目商品を解析し、地域別の販売計画のリコメンド（おすすめ）を提示する。地域の販売責任者がその計画に同意すると、在庫管理システムと連動して、店舗ごとの仕入れのリコメンドを店長に提示する。店長が商品を必要数注文すると、最寄りの物流倉庫と連携して、数日中に商品が搬入され、計画通り販売される

　このように、ITとOTを中心に、最新のデバイス、インターネット、IoTやAI、ロボティクス、メールやSNS等のコミュニケーションテクノロジーなど、様々な最新技術が連携することまでを含めて「デジタル技術」と呼んでいるわけです。つまり、DXの文脈においては、従来のアナログとの対義語としてのデジタルというだけの意味合いではなく、上述のようなことを実現できる技術とそのつながり全てを含めて、デジタル技術と呼んでいると言えるでしょう。では、次項からはこのデジタル技術を組織の戦略として取り入れていく方法について、段階を追って紹介していきます。

7.3 DX戦略の旅 ①ビジョンは何か？

ここからはデジタル＆IT戦略を立案し、実装していくためのポイントについて、ITIL 4の「継続的改善モデル」に基づいて紹介していきましょう。第6章でも紹介しましたが、ITILでは「継続的改善モデル」として、次の7つのステップを提唱しています。

ステップ1：ビジョンは何か？
ステップ2：我々はどこにいるのか？
ステップ3：我々はどこを目指すのか？
ステップ4：どのようにして目的を達成するのか？
ステップ5：行動を起こす
ステップ6：我々は達成したのか？
ステップ7：どのようにして推進力を維持するのか？

ここからは、最初のステップである「ビジョンは何か？」からあらためて見ていきましょう。

1 ビジョンとは

KeyWord

ビジョン

組織が将来何になりたいかという明確に定義された願望。
　　　　　　　　　　　　　　出典「ITIL 4 Digital & IT Strategy」（拙訳）

ビジョンとは、目指す姿、実現させたい世界とその景色です。私達は何を目指し、どのような世界を見たいと願っているのでしょうか？それは20年から30年先の所属組織の未来の姿の場合もあれば、数百年から数千年先の地球規模、宇宙規模の未来の姿の場合もあります。

いずれにせよ、DXするかどうかの戦略や、具体的にどのような技術を使用するかといった戦術を決める前に、まずは「ビジョンを決めること」が重要です。そしてそ

のビジョンは、組織の存在意義である「パーパス（＝目的、存在意義）」と整合が取れていることが大切になります。なぜなら、パーパスは組織が存続し続け、ビジョンを実現するための原動力となるからです。ビジョンが決まれば、そのビジョンを達成するために実行すべきミッションも自ずと決まるはずです。

　図7-4は、パーパスやビジョン、ミッションと、それに関連する考え方の概要をまとめたものです。ゴール以下は概念上2段階ですが、実際には、（特に大規模な組織では）戦略が長期経営計画、中期経営計画、短期経営計画等に階層化され、さらに本部、部、課、チームへと目標が細分化して設定されていることも多いことでしょう。

MEMO

パーパスとビジョンとミッション

「パーパスはミッションの中に含まれる」という考え方や、「ビジョン→ミッション→ゴール」と段階的に記載する方法、また、「ビジョン、ミッション、バリュー」をセットとする考え方など様々です。図7-4は左側に目指すこと、右側にそれを実現するためにすることをまとめた一つの描き方です。特に「パーパス」については、「企業の存在意義」なのか、「個々のゴールや戦略の目的」なのかによっても位置付けが異なってきます。第5章のコラムにも書きましたが（P.134参照）、2019年のビジネスラウンドテーブルの声明発表以来、「企業の存在意義」という意味で使用されることが多くなってきました。

　図7-4にある通り、ビジョンを実現するための最終目標がゴールであり、そのゴールを達成するための長期的・大局的な方向性と、概要レベルのシナリオが戦略となります。変化の激しい現代においては、戦略はこれまで以上に短期間で頻繁に見直しが必要となります。特にDXに関しては、刻一刻と変わる状況を把握しながら戦略を立てるわけですが、それがビジョンにも影響することもあるでしょう。なお、ビジョンを揺るがすほどの変化が、次に紹介する「デジタル・ディスラプション」です。

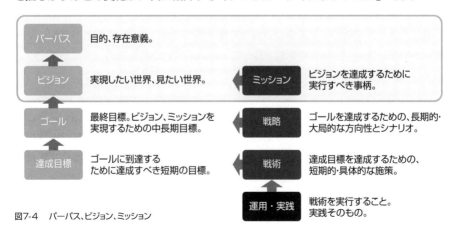

図7-4　パーパス、ビジョン、ミッション

2 　デジタル・ディスラプション（飲むか飲まれるか）

ディスラプション（disruption）は「破壊」と訳される英単語です。「デジタル・ディスラプション」は、デジタル化の波による産業構造や組織運営の本質的な変化を指します。「破壊と創造」という言葉もあるように、新たな世界・新たな価値観の創造の構築のための構造的変革とも言えますが、その破壊の中で自分達のポジション（立ち位置）がどこにあるのかにより、ビジョンさえも変わる可能性があります。

なお、デジタル・ディスラプションは、大きく次の3つのレベルで発生します（図7-5）。

●エコシステムのディスラプション

複数の産業やマーケットに影響するディスラプションです。

「エコシステム」、つまり世の中の仕組み全体に影響するようなディスラプションを指します。モバイルやクラウド技術の普及により、UberやAirbnbといった個人と個人をつなげるビジネスが立ち上がり、既存のタクシーや運送、旅館、ホテル、観光などの複数の産業やマーケットに大きな影響を与えたのはこの例です。

●産業／マーケットのディスラプション

一部の産業やマーケットに影響するディスラプションです。

電子書籍の台頭により、印刷・出版業界に影響が出た、口コミによるレストランの選択が主流になったため、飲食のマーケットおよびマーケティング方法に変化が出た、等はこれらの例と言えます。

●組織のディスラプション

名前の通り、組織のディスラプションです。これには、エコシステムや産業、マーケットのディスラプションの影響を受けて、組織も変化せざるを得なくなる場合と、組織がデジタル技術を採用して、自ら変化しようとする場合があります。

デジタル・ディスラプションの発生には様々なケースがあります。エコシステムにおける小さな変化が、産業やマーケットを巻き込みながらどんどん大きな波となり、関係する組織を巻き込んでいく場合もあれば、ある組織で始めた小さな変化が産業やマーケットに広がっていき、最終的にはエコシステム全体に影響を及ぼす場合もあるでしょう。ですから、自分達がどのポジションにいるのか、そしてどうしていきたいのかを、ビジョンと照らし合わせながら戦略を立てていく必要があります。

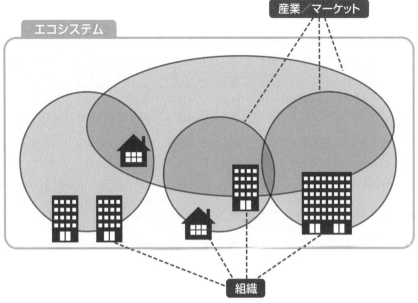

産業／マーケット

エコシステム

組織

図7-5　デジタル・ディスラプションの3つのレベル

　例えば、冒頭のケーススタディに登場した神保町クリニックは、エコシステムレベルのディスラプションの影響を受けていると言えるでしょう。同じ眼科や医療業界がDXを始めたからというよりは、顧客がレストラン等の他の産業で経験したデジタル体験を求めてきているので、変わらざるを得ないという状況です。

　みなさんの組織はどうでしょうか。次のどれに当てはまりますか？ぜひ考えてみて下さい。

　・デジタル技術をどんどん活用し、新たな業界にも打って出たい
　・DXの波に乗って業界内の業績順位を逆転させ、ナンバーワンになりたい
　・同業他社がDXを始めていて、このままでは取り残されてしまうので、遅れを取らないように何かしたい
　・とりあえずデジタル技術を活用して、業務の効率化やコスト削減はしたい

3　ポジショニング

　自組織のポジションの現状を分析・把握する方法として、ITIL 4では次の2種類

のアプローチが紹介されています。

●成熟度モデル

　デジタル組織として成功するための性格と能力の組み合わせやディスラプションレベル（組織、産業／マーケット、エコシステム）を元に、現状の組織の成熟度を分析し、次の成熟度を目指すというものです。

　成熟度モデルは、自社の現在のポジションを明確に認識していて、今後目指すべきポジションも明確な組織には適していますが、産業やマーケットやエコシステムを破壊して、新たな価値観や産業構造を自分で作ろうとしているような、ポジションが明確ではない組織には適していないモデルと言えます。

●デジタル・ポジショニングとセンスメイキング

　複数（通常は４つ）の項目や方向性を元に、競合分析を行って自社の現在のポジションを分析する方法です。競合間の関係をクラスタリング（グルーピング）できるので、その中で今後どのような位置付けを狙うか、またはそのクラスタから出るのか、などを設定することができます。

　自組織のポジションの現状を分析・把握する方法はたくさんあるので、納得のいくものを選択して使用するとよいでしょう。ただ、昨今は自社を取り巻く状況がどんどん変わっていきます。ですから、一度の分析で終わらせず、何度も分析・評価し直して、その都度ビジョンや戦略に反映していくことが重要となります。

7.4 DX戦略の旅 ②我々はどこにいるのか?

　ビジョンに到達するために、まずは現状分析を行うステップとなります。現状分析で一番有名かつわかりやすいのはSWOT分析ですね。本項では、現状分析を行う手法としてSWOT分析とバランス・スコアカードを取り上げます（なお、「ITIL 4 Digital and IT Strategy」には、他にも多くの分析手法が紹介されています）。

1　SWOT分析

　SWOT分析は、「Strength（強み）」「Weakness（弱み）」「Opportunity（機会）」「Threat（脅威）」の4つの観点から現状を分析する方法です（図7-6）。強みと弱みは内部環境に関する分析であり、機会と脅威は外部環境に関する分析であることを意識することをおすすめします。強みと機会、弱みと脅威が混同されてしまうことが多いので気を付けましょう。

　なお、内部環境（強みと弱み）の分析には、第2章で紹介した次の「4つの側面」のうち次の3つの観点も役立ちます。

・組織と人材
・情報と技術
・バリューストリームとプロセス

　同じく、外部環境（機会と脅威）の分析には第2章で紹介した次の「PESTLE」の観点も役立ちます。

・政治的要因（Political factor）
・経済的要因（Economic factor）
・社会的要因（Social factor）
・技術的要因（Technological factor）
・法的要因　　（Legal factor）
・環境的要因（Environmental factor）

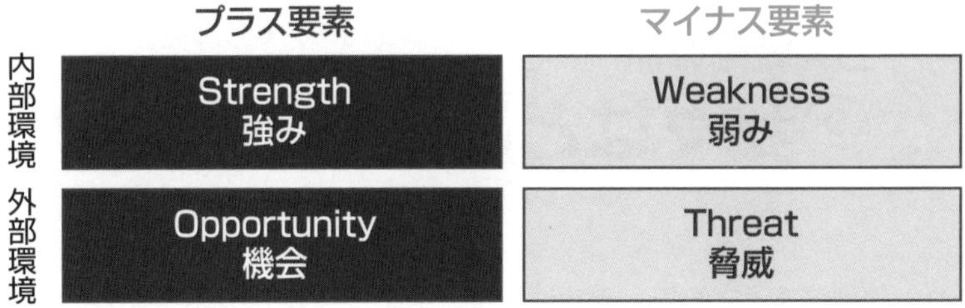

	プラス要素	マイナス要素
内部環境	Strength 強み	Weakness 弱み
外部環境	Opportunity 機会	Threat 脅威

図7-6　SWOT分析

2　バランス・スコアカード

　ビジョンと戦略を元に、バランスよく分析するための手法としては、バランス・スコアカード（BSC：Balanced Score Card）も参考になります。

　バランス・スコアカードでは、次の4項目についてバランスよく評価、改善することにより、中長期の戦略とビジョンの達成を目指します（図7-7）。

- ・財務の視点
- ・顧客の視点
- ・業務プロセスの視点
- ・学習と成長の視点

参考
バランス・スコアカード（BSC）

ロバート・S・キャプラン氏とデビッド・ノートン氏が1992年に「Harvard Business Review」に発表した業績評価システムです。それまで財務指標に偏り過ぎていた評価の軸を、顧客満足とそのための業務プロセスの実現、従業員の学習と成長というバランスのよい観点で評価し、中長期の成功を狙うための業績管理手法としてまとめられました。

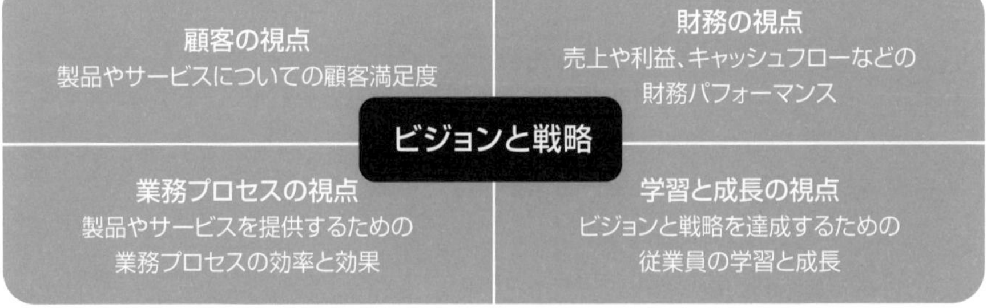

顧客の視点 製品やサービスについての顧客満足度	財務の視点 売上や利益、キャッシュフローなどの財務パフォーマンス
ビジョンと戦略	
業務プロセスの視点 製品やサービスを提供するための業務プロセスの効率と効果	学習と成長の視点 ビジョンと戦略を達成するための従業員の学習と成長

図7-7　バランス・スコアカード（BSC）

3 | デジタル準備評価

DXするための準備ができているかについて、ITIL 4では次の6つの主要ポイントを分析し、評価することをおすすめしています。

●戦略とデジタル・ポジショニング

明確に定義されたトランスフォーメーションのビジョンと戦略があり、組織の全てのレベルに共有されているか。デジタル・ポジショニングとその実行についての概要レベルの理解が浸透しているか。

●バリューストリーム、プラクティス、プロセス

デジタル事業をサポートするプラクティスとプロセスがあるか。バリューストリームがしっかり理解されており、組織全体を通してマッピングされているか。

●情報と技術

カスタマ・エクセレンスとオペレーショナル・エクセレンス（P.199参照）のどちらかまたは両方を向上させるためにデジタル技術をうまく活用し、適切な分野で自動化を行っているか。

●組織的な開発と学習

従業員がデジタルスキルを習得する機会を提供しているか。

●リスクマネジメント

事業リスクとデジタルリスクに対して、脅威と機会のバランスを取りながら、適切かつ成熟度の高い態度で対応できているか。

●イノベーション

デジタル技術を推進しているメンバーやその内容に価値を認めて支援し、組織全体への統合を進めているか。

このデジタル準備評価の結果を元に、組織の目標とする状況とのギャップ分析を行い、次のステップ「③我々はどこを目指すのか？」へとつなげます。

7.5　DX戦略の旅
③我々はどこを目指すのか？

　ここで目指すのは、7.3で紹介した「ビジョン」ではなく、より短期間での具体的な目標です。もちろんその目標は、ビジョンにつながっている必要があります。

　どれくらい短期間が望ましいのかは、状況によって異なります。変化が激しい現代だから短期間であるべきだという観点だけでなく、立ち上げ時期には短期目標を次々に掲げて進めるべきであり、それが落ち着いて安定期に入るとある程度長めの期間で進めるべき状況になることもあります。常に多角的な観点から状況を見極めつつ、個々の戦略を立てていきましょう。また、短期だからこそ、図7-8にあるように、戦略（方向性とシナリオ）だけでなく、戦術（具体的な施策）もほぼ同じタイミングで作成していくことも、これまで以上に必要となります。

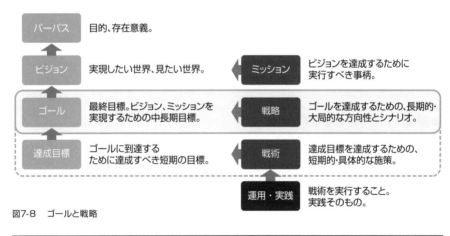

図7-8　ゴールと戦略

1　戦略を立てる

　まずは、パーパス、ビジョン、ミッションや前節の分析結果などを元に、戦略案を出し、具体化していきます。そのためのポイントを紹介しておきましょう。

●戦略立案の利害関係者

　戦略をより良いものにし、抜け漏れを減らしてリスクを下げるために、様々な立場の利害関係者と意見交換を行いましょう。複数の観点や経験を元にした意見交換によ

り、画期的なアイデアが出ることがあります。

　特に事業戦略を作成しているメンバーを、この時点から巻き込んでおくことが重要です。

　デジタル＆IT戦略は、新しい分野であるため孤立することが多いのですが、本章前半の「DXの戦略」でも説明した通り、事業戦略と直結しているものだからです。戦略がスムーズに役員会で承認され、実行に移せるようにするためにも、事業戦略の作成メンバーとの密なコミュニケーションは必須です。

●ビジネスモデル・キャンバス（BMC）

　戦略作成には、P.184でも紹介したビジネスモデル・キャンバス（BMC）の活用がおすすめです（図7-9）。

　ビジネスモデル・キャンバスとは、どのようにしてビジネスが成り立つかの構想を抜け漏れなくまとめるためのツールです。具体的な分析方法ですが、キャンバス中央にビジネスが顧客にもたらす価値を「価値提案」として記載します。右上の3項目は、想定する顧客と顧客へのアプローチ方法についてまとめ、その対価として得られるであろう収入と収入の構造を右下に記載します。左上の3項目は、価値を生み出すために必要な活動やリソースをまとめ、そのために支払うコストとコストの構造を左下に記載します。

主なパートナ Key Partners	主な活動 Key Activities	価値提案 Value Propositions	顧客との関係 Customer Relationships	顧客セグメント Customer Segments
	主なリソース Key Resources		チャネル Channels	
コスト構造 Cost Structure			収入の流れ Revenue Streams	

図7-9　ビジネスモデル・キャンバス

2　戦略の「バランス」と「何に重きを置くか」

　戦略を決め遂行するにあたっては、やはりバランスが大切です。それと同時に、そのバランスの中でも特にどれを重点的に進めるかの優先度を決めることも重要になります。すなわち、限りあるリソースをどの観点に投入していくか、という判断です。バランスを取る項目には様々な観点がありますが、やはり、前述のバランス・スコアカードを基にすることをおすすめします（図7-10）。具体的に見ていきましょう。

●財務：適切なROI（Return On Investment：投資収益率）

　DXへの投資が回収できなければ、組織として破綻します。したがって、この財務の視点はデジタル化を進めるにあたっての必須事項です（DXに限らず、あらゆるビジネスにおいて必須と言えます）。

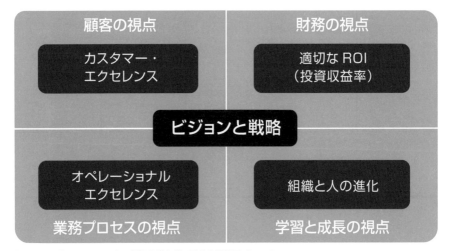

図7-10　バランス・スコアカード（BSC）に当てはめた戦略アプローチ

●顧客：カスタマ・エクセレンス（カスタマ・サクセス）の向上

　顧客に製品やサービスを利用して満足し、事業成果を実現する（成功する）ためには、顧客の視点に立ち、カスタマ・ジャーニーを検討し、顧客経験（CX）を具体的にイメージして顧客の期待に応え、さらには期待のその先を提供できるような組織となるような戦略を打ち出していく必要があります。

　常に最新の顧客の声を聞くためには、サービス提供のオムニチャネル化（複数のチャネルを用意すること）や、フィードバック取得方法の複数化と自動化により、顧客との接点とコミュニケーション手段の幅を広げ、かつ負荷を上げずに大量のデータを得られる仕組みが必要となるでしょう。サービスそのものだけでなく、フィードバックの収集にもデジタル技術を活用することができます。

●業務プロセス：オペレーショナル・エクセレンス（OPEX）の向上

　オペレーショナル・エクセレンス（OPEX）とは、現場の業務遂行力が、競争上の優位性を持つレベルとなるまでに鍛え上げられた状態を指します。したがって、デジタル化により、高パフォーマンス・低コスト・生産性の向上・無駄の削減を目指すことを指します。

MEMO

> **オペレーショナル・エクセレンス（OPEX）**
> OPEXは、マイケル・トレーシー氏とフレッド・ウィアセーマ氏が1995年に発表した著書「ナンバーワン企業の法則-勝者が選んだポジショニング」で提唱された概念です。

　OPEX向上を目指すのであれば、「継続的改善」を戦略的に採用し、OPEX向上を業務上の必須事項とすることが成功要因と言えます。Google社で生まれ、世界中に広まり始めているSRE（Site Reliability Engineering）はこの1つの例と言えます。なお、SREについては同社による書籍もリリースされていますので、興味のある方はご覧下さい。

> **参考**：https://sre.google/books/

　また、業務効率を考えるのであれば、外部リソースの活用も検討すべき事項です。ソーシング戦略を元に必要な部分のアウトソーシングも進めましょう。これに伴い、サプライヤ管理も必要となります（ソーシング戦略やサービスインテグレーション、サプライヤ管理については、第3章をご参照下さい）。

●学習と成長：組織と人の進化

デジタル技術を使いこなすための、人と組織のバージョンアップを目指します。それは単純に最新技術の知識とスキルを学習するだけではありません。アジャイルな考え方や複雑性思考など、DXな世の中で生きていくためには、考え方や働き方も変えていく必要があります。

このような人と組織の変革をスムーズに進めるためには、「組織変更の管理」プラクティスが参考になるでしょう。

中長期で見て組織を成長させるためには、組織のナレッジを管理することも重要な要素となります。図7-11の「SECIモデル」およびITIL 4の「ナレッジ管理」プラクティスが参考になるでしょう（「組織変更の管理」プラクティスおよび「ナレッジ管理」プラクティスについては第8章をご参照下さい。）。

●第5の観点 - 社会的責任（CSR）：サステナビリティ

ここまで、バランス・スコアカードを元に4つの視点からの戦略のバランスを説明してきましたが、もう1つ最近注目されている視点も追加することをおすすめします。それが、企業の社会的責任の視点です（図7-12）。

昨今、温暖化に代表される気候変動が注目され、企業の社会的責任（CSR：Corporate Social Responsibility）が問われるようになってきました。温暖化は人間の短期視点での経済活動の結果と言え、利益のみを追求してきた企業活動や企業評価が大きく変わろうとしているのです。

「サステナビリティ（持続可能性）」「SDGs」という言葉に代表されるように、長期にわたって持続可能な（サステナブルな）エコシステム形成に貢献することが、企業の責任として求められるようになりました。言い換えると、サステナビリティに貢献することを目指すのも、1つの戦略と言えます。

実際、「トリプルボトムライン」や「3P」「ESG投資」など、企業価値評価にあたって企業が社会的責任を果たしているかを重視するような動きが出てきています。

SECIモデル

SECIモデルは、一橋大学の野中郁次郎氏と竹内弘高氏らが発表した、ナレッジ・マネジメントのコアとなるフレームワークです。その著書『The Knowledge Creating Company』（邦題『知識創造企業』、東洋経済新報社刊）で提唱されました。組織が知識を創造する知識変換のモードを以下の4つのフェーズで表現します。この4つのフェーズがスパイラル状に続くことにより、組織の知識が創造されていくという考え方です。

- 共同化（Socializaiton）： 　経験を共有して個人の暗黙知を他者へ移転するフェーズ
- 表出化（Externalization）： 暗黙知を言葉や文字で表し形式知化して共有するフェーズ
- 連結化（Combination）： 　複数の形式知が結合して新たな形式知が創造されるフェーズ
- 内面化（Internalization）： 新たな形式知を学習・経験して、個人の中へ染み込ませ習得していくフェーズ

参考：「知識創造企業」

図7-11　SECIモデル

サステナビリティ

環境的、社会的、経済的発展に関連するリスクと機会に取り組むことにより、社会やその他の利害関係者に長期的な価値を生み出すことに焦点を当てたビジネスアプローチ。

出典「ITIL 4 Digital & IT Strategy」（拙訳）

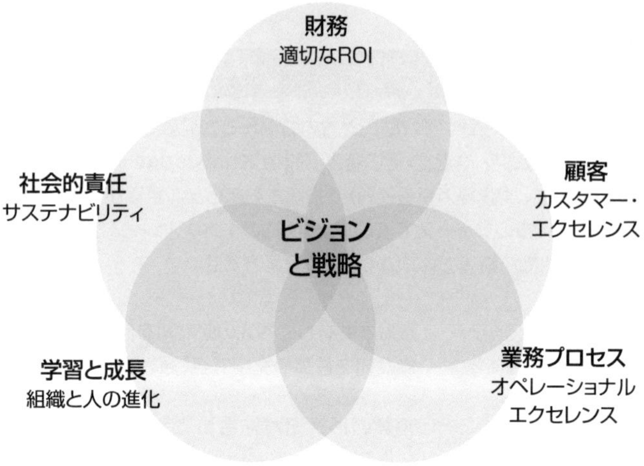

図7-12 戦略における5つの視点

MEMO

SDGs

SDGs（Sustainable Development Goals、持続可能な開発目標）とは、2015年9月の国連サミットで採択された、2030年までに持続可能でより良い世界を目指す国際目標です。17のゴール・169のターゲットから構成されており、「経済」が成り立つためには、「環境」と「社会」が整備されていることが前提として必要であることを示しています。なお、「ミレニアム開発目標（MDGs）」という、2001年に採択された2015年までの国際目標があり、その後継としてSDGsが生まれたという経緯があります。

MEMO

トリプルボトムライン

トリプルボトムライン（Triple bottom line、TBL、3BL）とは、企業活動を財務（経済）の観点だけではなく、「環境（環境的要素）」「社会（社会的公平性）」「経済（経済的要素）」の3つの側面から評価する考え方を指します。1994年に、起業家で作家のジョン・エルキントン氏が提唱し、その後、CSRを促進する国際的なガイドラインである「GRIガイドライン」へ掲載され、注目されるようになりました。

MEMO

3P

3P（People, Planet, Profit）はトリプルボトムラインと同じく、ジョン・エルキントン氏が1994年に提唱した、トリプルボトムラインと持続可能性の目標を表す3要素です。「人（people）」「地球（planet）」「利潤（profit）」の頭文字から「3P」と呼ばれます。1997年、オランダと英国の石油会社であるロイヤル・ダッチ・シェル社の最初のサステナビリティ報告書で用いられたことでも有名です。

MEMO

ESG投資

ESG投資は、財務状況だけではなく、環境（Environmental）、社会（Society）、ガバナンス（Governance）への取り組みも含めて評価し、投資することを指します。実は、ESG投資には1920年代からの歴史があります。年代を経て、社会課題、そして1990年代からは環境課題についての意識が高まってきました。時を同じくして、上述のSDGsやトリプルボトムライン、3Pが注目されるようになり、投資もESGを重視するようになってきています。

3 戦略文書にまとめる

　最後に、出来上がった戦略を戦略文書にまとめます。基本的には、組織ごとに戦略文書のテンプレートが用意されていることが多いので、それに基づいて作成するのがよいでしょう。なお、「ITIL 4 Digital & IT Strategy」では、戦略文書に含めるべき要素として次の項目が紹介されています。

参考：ITIL 4で示されている戦略文書に含めるべき要素

- パーパスとビジョン
- 範囲と権限（戦略遂行の権限を委譲されている人）
- 内容（分析結果、内的環境・外的環境、目指すポジション、目指す目標等）
- OKRs（目指す目標と結果）
- 予算と投資
- 原則
- 能力（現状の組織の主要な能力と成熟度、および開発や向上が必要な箇所）
- ロードマップ（主要なイニシアティブとマイルストーン）
- 各イニシアティブの概要

出典「ITIL 4 Digital & IT Strategy」（拙訳）

7.6 DX戦略の旅 ④どのようにして目標を達成するのか?

実は、「ITIL 4 Digital and IT Strategy」では、本節で解説する内容は直前の「③我々はどこを目指すのか?」とセットでまとめられています。

なぜなら、目指す目標を決め、戦略を立て、そのための具体的な策を考える作業はほぼ同時に発生し、何度も行きつ戻りつしながら検討し、吟味を重ね、議論を通して合意形成（カルチャによっては独断で決定）していくものだからです。本書では、①〜⑦の各ステップの名称に合わせてあえて③と④を分けましたが、現実には融合的に進むと考えて下さい。

では、さっそくポイントを紹介していきましょう。

1 ビジネスケースを作る

戦略が出来上がったら、利害関係者に説明して納得してもらい、正式な承認を得たうえで、次のステップ（次節で説明する「⑤行動を起こす」）へと進みます。周りに理解を促すためには、投資対効果を明確に説明できなくてはいけません。そのために、投資対効果やリスク等をまとめた資料が「ビジネスケース」です（図7-13）。

KeyWord

ビジネスケース

組織リソースの支出（投資）を正当化するために、その支出についてのコスト、利益、オプション、リスク、および問題に関する情報をまとめたもの。

出典「ITIL 4 Digital & IT Strategy」（拙訳）

ビジネスケースには、次の内容を含める必要があります。

●コスト

まずは「コスト」です。開発、運用、改善にかかるコストだけでなく、新技術の調査やイノベーション、ガバナンス・リスク・コントロール（GRC）、マネジメントにかかるコスト等をヒト・モノ（技術）・プロセスの観点から算出しましょう。パートナやサプライヤに関わるコストも加味する必要があります。

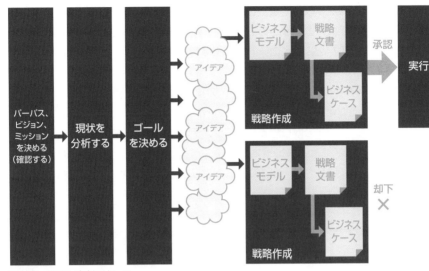

図7-13　戦略とビジネスケース

●リスク

「リスク」も明らかにしておかなくてはなりません。リスクは「不確実性」と定義され、失敗も成功も含めて予測が困難で不確実なことを指しますが、特にビジネスケースの場合は「失敗するかもしれないこと」を洗い出します。いわゆるネガティブ・リスクです。リスクの発生確率や影響度、その対策（予防策や発生時の対応策）も検討しておくようにしましょう。

●効果と便益

「効果」と「便益」も明らかにしておきます。戦略により得られる経済的な便益（売上も利益も）だけでなく、非経済的な便益についても検討しましょう。また、短期的な便益だけでなく、長期的な便益についても検討しなくてはなりません。例えば「部門間の連携が強まる」「積極的に改善に取り組むカルチャが醸成される」なども非経済的または長期的な効果や便益に該当するでしょう。

●機会コスト

最後に紹介するのは「機会コスト」です。機会コストとは、ある選択肢を選んだ際に、他の（同じリスクレベルの）選択肢から得られたであろう収益のことを指します。不確実で変化の激しい現代において、ビジョンへ到達するためのオプション（戦略とそれを実現するためのイニシアティブ）は複数出てくるはずであり、状況に応じて、

また、実施した結果を反映して選択し直すことを繰り返していくことになります。だからこそ、一つの手段に固執するのではなく、物事を客観的に見て判断することが大切となります。そのために機会コストの算出は有効です。

　戦略作成の段階ですが、ビジネスケースの精度を上げるためにも、具体的なスケジュールや必要となるリソースの洗い出しや見積りなどは可能な限り行いましょう。
　また、戦略がいくつかの取り組み（イニシアティブ）から構成されている場合には、そのイニシアティブごとにもビジネスケースを作りましょう（図7-14）。戦略自体は承認されないけれども、個別のイニシアティブが採用される場合もあるからです。

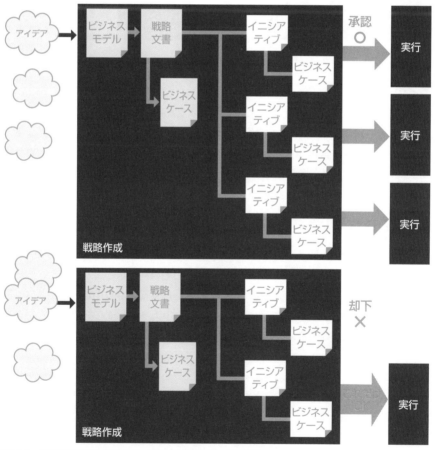

図7-14　戦略を構成するイニシアティブごとにビジネスケースを作る

2 ビジネスケースを説明して承認を得る

　ビジネスケースをまとめたら、それを説明して「承認」を得る必要があります。そのための注意点を紹介しておきましょう。

●意思決定者のみに説明する

　戦略立案時には、様々な利害関係者と意見交換を行う必要がありますが、ビジネスケースの段階になると、メンバーを限定して説明すべきです。

　なぜなら、ビジネスケースは最終的な意思決定（その戦略やイニシアティブに投資するかどうかの決断）を目的とするためです。ですから利害関係者の中でも、投資して承認をする権限のある限られたメンバー、つまり意思決定者（と、その意思決定に必要な専門知識のアドバイスができる財務や法務や技術や人事等）にのみ説明し、判断を仰ぎましょう。

　逆に言えば、それら利害関係者を戦略作成の段階から巻き込んでおき、早いうちから戦略の内容を共有しておくべきです。

●抵抗管理、変化の管理を心がける

　たとえ魅力的で精度の高い戦略やビジネスケースであっても、デジタル＆IT戦略は、既存ビジネスを推進してきた役員やシニアマネージャからは受け入れられない場合が多いです。そこにはITやデジタルといった未知のものへの恐怖や、自分や既存の従業員の居場所がなくなる不安等、様々な要素が絡んでいるからです。

　したがって、戦略そのものの正当性を説明するだけでなく、その恐怖や不安に耳を傾けてそれを取り除くために丁寧な説明をしたり、DXについて意識を変える教育プログラムを提供したりすることも必要です。

　これは全従業員にも言えることであり、技術についての再教育（リスキリング）や不安や疑問の受付窓口の設置など、組織全体が抵抗の少ない状態で進化していけるための施策も戦略に含めておくことも重要となります。この抵抗管理や変更の管理については、第8章の「組織変更の管理」プラクティスが参考になります。

　こうして、決定権のある利害関係者からデジタル＆IT戦略の予算承認を得ることができれば、ようやく戦略を実行に移すことができます。

7.7 DX戦略の旅 ⑤行動を起こす

　ハーバードビジネススクール名誉教授でリーダーシップ論の第一人者であるジョン・P・コッター氏が提唱する「変革の8段階のプロセス」では、組織を変革するためには次の8つのステップが必要だとしています。

> 1. 危機意識を高める
> 2. 変革推進のための連帯チームを築く
> 3. ビジョンと戦略を生みだす
> 4. 変革のためのビジョンを周知徹底する
> 5. 従業員の自発を促す
> 6. 短期的成果を実現する
> 7. 成果を活かして、さらなる変革を推進する
> 8. 新しい方法を企業文化に定着させる
>
> **出典：「企業変革力」（ジョン・P・コッター著、日経BP社刊）**

　組織のDX化はまさしく一大変革であり、特にこの「⑤行動を起こす」ステップでは、「変革の8段階のプロセス」が非常に参考になります。そこで、本節ではこの8段階に沿って説明していきます。

1 危機意識を高める

　戦略作成やビジネスケースの承認に関わるような利害関係者（経営陣とその関係者）は、DX化に後れを取ることに危機意識は高いはずです。一方で、それ以外の従業員については、全員が同レベルでの高い意識を持っているかというと、そうではないことが多いでしょう。

　特に終身雇用制がまだまだ主流で、労働基準法により守られている日本の雇用環境においては、企業や組織に所属する従業員は自分の仕事と生活は無条件に護られるだろうと信じていることが多いはずです。

　しかし、DXは破壊と創造を世界規模で巻き起こす嵐です。前述の「デジタル・ディスラプション」で説明した通り、組織レベルの破壊だけでなく、産業やマーケッ

ト、さらにはエコシステム全体を揺るがす破壊において、一つの組織が必ずしも従業員を護れるとは言えない状況が起きています。今変われば新しい未来の創造に携われる。今変わらなければ、破壊の波に飲み込まれる。その危機意識を組織に所属する全員に繰り返し伝えることが、変革の第一歩として重要になります。

2 | 変革推進のための連帯チームを築く

ビジョンと戦略を達成するための意思決定を、現場に権限移譲しましょう。そうすれば、権限移譲された推進チームが中心となり、この変革を自分事として捉え、一人一人が考え、判断し、行動するようになるからです。

3 | ビジョンと戦略を生みだす

作成した戦略文書をビジョンやミッションとともに発表しましょう。きちんとビジョンと戦略を周知し、共通の理解を持つことが大切です。

4 | 変革のためのビジョンを周知徹底する

ビジョンやミッション、戦略は、一度発表しただけでは、組織の全員に伝わり、理解され、賛同されるとはかぎりません。ですから、何度も何度も繰り返し説明しましょう。その際には、毎回同じ方法を使用するのではなく、相手に伝わる方法やタイミングを考慮すべきです。

5 | 従業員の自発を促す

変革推進チームが周りを巻き込んでいけるように、権限移譲の範囲を広げ、また、リソース不足の解消や制約の排除など、前進を阻む障壁を取り除くよう支援しましょう。必要なスキルのトレーニングや予算の承認なども含みます。

デジタル技術のトレーニングだけでなく、新しい業務プロセスや新しい働き方とその基準となる考え方についてのトレーニングも実施しましょう。なぜなら、使用する技術はもとより、業務プロセスも変化するからです。

6 短期的成果を実現する

　「Small Start, Quick Win（小さく始めて、短期間で結果を出す）」という言葉にもあるように、まずは小規模に短期間で効果を出すことを推奨しましょう。

　そのためには、複数の事柄を同時並行で実施するのではなく、優先度を付けて、一つずつ確実にこなして結果を出すことを奨励しましょう。これは、「従うべき原則」の「フィードバックを元に反復して進化する」に通じます（「従うべき原則」については第2章をご参照下さい）。

7 成果を活かして、さらなる変革を推進する

　短期的な成果が実現すると、それを見て周りのメンバーも変革を受け入れ始め、参加し始めます。これをきっかけに、変革の輪が広がり始めるはずです。このように、成果を基にして、さらに変革を進めていきましょう。

8 新しい方法を企業文化に定着させる

　変革が一時的なものにならないように気を付けましょう。基本的に、人は変わることに不安を感じ、抵抗するものです。したがって、一旦は変更しても、しばらくすると以前の状態に戻ってしまうことが少なくありません。定着させるようなルール決めや、測定と評価、意識付け等、様々な方法で定着を図りましょう。

　なお、上記の「6. 短期的成果を実現する」「7. 成果を活かして、さらなる変革を推進する 」「8. 新しい方法を企業文化に定着させる」は、次節で紹介する「⑥我々は達成したのか？」「⑦どのようにして推進力を維持するのか？」に当てはまるフェーズでもあります。

7.8 DX戦略の旅 ⑥我々は達成したのか?

　行動を起こしたら、目標を達成できたか、達成できなかった場合はどこまでの進捗なのか、何が良くなかったのかを確認する必要があります。そのために大切なポイントを紹介していきましょう

1　CSFとKPI

　行動を評価する際は、目標から落とし込んだCSF（重要成功要因）とKPI（重要業績評価指標）、そして測定項目を元にパフォーマンスを測定し、その結果を評価するのが一般的です。

　CSFやKPIは、（ITサービスマネジメントでは特に）比較的長期において継続的に測定し、パフォーマンスが定常的に出ているか、問題のある傾向が出ていないか等を判断するために使用されます。

　なお、KPIはプロジェクトの目標達成のために、そのゴールまでの中間目標を設定して確実に進捗を管理するために使用することもあります。その意味では後述のOKRに似ていると言えます。

KeyWord

CSF(Critical Success Factor:重要成功要因)

意図した結果を実現するために必要な前提条件。

出典「ITIL 4ファンデーション」

KeyWord

KPI(Key Performance Indicator:重要業績評価指標)

達成目標の達成度を評価するために使用される、重要な測定基準。

出典「ITIL 4ファンデーション」

　ちなみにKPIはKGI（Key Goal Indicator：重要目標達成指標）と混同されることがありますが、異なるものなのでご注意下さい。KGIは名前の通り「目標」です。定量的な目標を決め、CSFやKPIを活用して、確実にその目標を達成することを目指すために使用します。KGIとCSFとKPIの関係は図7-15のようになります。

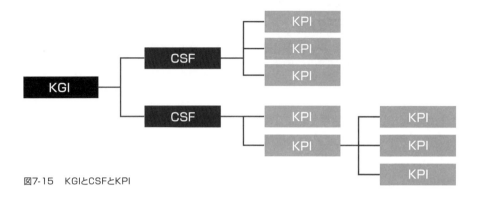

図7-15　KGIとCSFとKPI

2　OKR

　DXを進める際は、目標を達成するまでの期間が従来と比べて短くなる傾向があります。アジャイル開発やDevOpsなど、少しずつ目標を決めて進捗していく方法を取っている場合はなおさらです。

　それに、環境の変化も激しいため、ずっと同じ目標でずっと同じ測定項目では変化に対応できない場合もあるでしょう。そこで最近注目されているのが、OKRという指標です（図7-16）。

　OKRは米国のインテル社で誕生し、Google社やFacebook社でも採用され、注目を集めている指標です（日本国内ではメルカリ社が採用していることでも有名です）。従業員が同じ目標を共有し、同じ方向を向いて明確な優先度を元に確実に進捗して計画を達成することを目指すものであり、特徴としては次のような点が挙げられます。

　　・シンプルかつ少し背伸びするような（チャレンジャブルな）高い目標を立てること
　　・目標を全社やチーム内などで共有すること
　　・高い頻度で目標を設定、追跡、再評価すること

　すなわち、高いレベルで協働（コラボレーション）し、進化するための測定・評価方法と言ってもよいでしょう。

3　KPIかOKRか?

　新たに注目されている指標としてOKRを紹介しましたが、「KPIはもう古くて、これからはOKRが良い」というわけではありません。状況と目的に応じて適切な手段

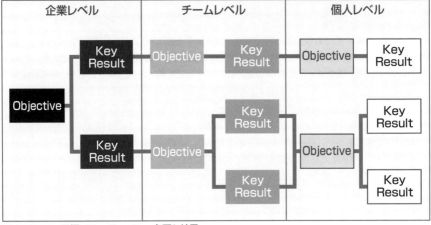

Objective = 目標／Key Result = 主要な結果

図7-16　OKR

を選ぶことが重要です。

　例えば、新しいサービスの立ち上げ時期や組織のDX化を推進するタイミングでは、OKRが有効だと思います。

　逆に、安定したサービスの場合で、「顧客満足度を常に5段階評価の4以上に維持する」「顧客からの問い合わせの対応時間を10分短くする」といった目標については、KPIで定常的に測定することが有効だと考えられます。

4　測定結果の分析と対話

　測定した結果を分析したり、対話を重ねたりして、さらによい結果を生み出す努力も欠かせません。その際の注意点も紹介しておきましょう。

●測定結果の分析と可視化

　KPIにせよOKRにせよ、その指標に基づいて測定し、測定した結果を分析し、次に活かすことがとても重要です。分析に不要な時間を割くのではなく、適切なツールを活用して、その分析結果から次に何をすべきかを考えるところに人間の時間を割きましょう。

　そのためには、「何を管理したいのか」「何を分析したいのか」を明確にし、そのための測定項目を決め、適切な分析機能を持つツールを選んだり開発したりするとよいでしょう。

OKRとMBO

OKRは、経営学者であり著書「マネジメント」で有名なピーター・ドラッカーの提唱するMBO（Management By Objectives、目標管理制度）と比較して説明されることが多いです。MBOは、目標を達成するためにプロセスにフォーカスを当てた管理制度であり、多くの企業が採用している方法です。目標は会社の目標から個人の目標へと階層的に設定され、組織の規模が大きくなると、目標を設定された本人が、自分の仕事や個人の目標が会社の目標にどうつながっているのかよくわからない、という課題がありました。目標設定頻度も1年に1回が基本で（企業によっては四半期に一度など工夫している組織もあります）、達成状況のレビューも四半期に一度程度であり、あまり効果が出ないというのが実際のところです。さらに、その結果が成績評価と連動されるため、目標設定時には必ず達成できるような余裕のある目標（言い換えると、がんばらなくてよい目標）を設定する、評価につながらない努力はしない、という課題があります。また、成績評価につながるため、各自の目標を共有することはありません。

これに対してOKRは、「プロセスではなく結果にフォーカスを当てればチームの成果が上がる」という考えの元で考えられた目標管理制度と言えます。目標を設定し、そのために何をすればよいかの達成方法を各自に考えさせるというものです。しかも、成績評価や報酬とは連動させず、そもそも目標達成確率は60～70%くらいでよい、とします。こうすることにより、チャレンジャブルな目標を設定して、メンバーの成長を促す効果もあります。さらに、成績評価が目標ではなく、組織の戦略遂行やチームやプロジェクトの目標達成が目的ですので、会社全体や関係メンバー同士で目標を共有し、チームで同じ目標に向かって協働し前進することにも役立つのが特徴です。目標設定の頻度も四半期や1か月と短く、レビューは毎週や毎日という頻度です。俊敏に最適化を図るアジャイル的なアプローチに合うと言えるでしょう。

●サーバント・リーダーシップと対話（ダイアローグ）

　組織を進化させていくには、人が命です。だからこそ、画一的で機械的な管理では、目標達成や企業戦略の遂行は成功しません。上述の「メモ」でMBOの課題を記載しましたが、本質的なところで言えば、MBOを遂行する際の「マネージャの力量」や「組織の成績評価の仕組みやカルチャ」に依存する部分も多いのです。したがって、その手段がKPIになろうとOKRになろうと、メンバー一人一人とどう向き合っていくかが肝となります。

　このような背景から、最近では「サーバント・リーダーシップ」という新たなリーダーシップの在り方が注目されています。

　サーバントリーダーは、メンバーの声に耳を傾け、対等な立場で意見を聞き、支援してほしいことはないかを聞き出します。それが「対話（ダイアローグ）」です。

　現場の最前線で働いているメンバーは、顧客の生の声を聞いているわけです。サーバントリーダーは、そのようなメンバーに「何が必要か」を聞き出し、それを支えるために対話を重ねることで、顧客により高い価値を提供することを目指します。

7.9

DX戦略の旅
⑦どのようにして推進力を維持するのか?

ビジョン達成に向けて前進を止めないためには、どのような考え方や方法が役に立つのでしょうか。重要なポイントを紹介していきましょう。

1　ビジョンを伝え続ける

「⑤行動を起こす」のステップでも書きましたが、ビジョンやミッション、戦略を何度も何度も繰り返し説明し続けましょう。

2　利害関係者の教育を続ける

常にどんどん新しい技術やプロセスが台頭します。それについていけなくなると、進化を止めてしまう最大の要因となりますので、教育への投資は必須です。

3　シナリオプランニング

VUCAな現代は何が起きるかわかりません。数パターンのシナリオを用意して、頻繁に切り替えながら戦略を進めていきましょう。

4　リスクと付き合う

新しいことを実施するには、リスクはつきものです。組織のリスク選好度（リスクを取るカルチャかどうか）にもよりますが、リスクを予測し、分析し、防ぎ、対応する「リスク管理」は、これまで以上に頻繁な更新が必要となるでしょう。

リスクに気付いたら、「リスク管理表（Risk Register）」に入力して、共有するカルチャを醸成していきましょう。

5　パラレル・エグゼキューション・モデル（PEM）を検討する

DXを進めると、既存のサービスや既存の働き方とは全く異なることを始めること

がほとんどです。組織体制やビジネスモデルも激変するでしょう。その場合に、新規のサービスと既存のサービスを並行稼働させるかどうか（パラレル・エグゼキューション）が重要なテーマとなります。DXが目的ではなく、ビジネスを成功裏に進化させることが目的なので、ビジネスを維持しながらデジタル戦略を遂行していくことが重要です。

なお、PEMには大きく次の4つのパターンがあります。状況に応じてどのモデルを採用するかを戦略的に判断しましょう。途中でモデルを変更することも、もちろん可能です。

●共食い（カニバリズム）

1つ目は「共食い」です。既存のビジネスモデルやサービスがもう古くて役に立たないと判断した場合、新規のビジネスモデルやサービスに完全に切り替えるというモデルです。NetflixやApple社の積極的なビジネスモデルの変更は、その典型例と言えます。

●寄生（浸食）

2つ目は「寄生」で、共食いを穏やかに進めるモデルと言えます。「寄生」とは、寄生される側（宿主）が害を被り、寄生している側は利益を得ることです。

例えば、既存のビジネスモデルで収益性がまだ高い場合、その資金を新規事業に投入する、という方法が挙げられます。

そして、新規事業が一定の収益を上げることができるようになった暁には、既存事業を廃止します。

●片利共生（同意）

3つ目は「片利共生」で、宿主は利益も害も受けず、寄生している片方が利益を得るのみというモデルです。

新旧それぞれのビジネスにおいて、マーケットや顧客ベースの競合や移動がない場合、どちらも影響なく存続することになります。

●相利共生（シナジー）

4つ目は「相利共生」で、宿主も寄生している側も双方が利益を得、さらには一緒にいることでより多くの価値や利益を生み出すモデルです。市場そのものを大きくしていくことが可能なモデルと言えるでしょう。

6 改善すること自体をカルチャに埋め込む

TPS（トヨタ生産方式）やリーンの基本の考え方ですが、改善すること自体をカルチャに埋め込むことが大切です。これは「変革の8段階のプロセス」の最後のステップである「8.変革を根付かせる」にも共通します。

改善すること、変化することに抵抗が少ない組織は、無限に進化し続けることができます。言うまでもなく、DXは目的ではなく手段です。改善することそのものが組織のカルチャとなるように、改善することの大切さを伝え、改善ができる仕組みを作りましょう。Google社のSREのように、業務時間のうちN%を改善に当てるルールにする、改善のための予算を承認するなどの取り組みは、そのためのチャレンジ（挑戦）の1つと言えるでしょう。

DXを推進するために

DXと聞くと、私達の理解の及ばない、最先端技術の世界の話のように思えて不安になるかもしれませんが、その進め方には、これまで人類が培ってきた経験と知恵が役に立ちます。これまでとの違いで特に意識すべきことは、次の2点です。

・変化が激しいこと（時間の流れが速いこと）
・複雑性思考を取り入れること

新しい技術がどんどん出てくるので、私達が簡単にできることが増えていきます。そうすると、ビジネスを思いついてから実現するまでの市場投入時間（TTM：Time To Market）がこれまで以上に短縮され、業界の参入障壁も下がるため、競争が激しくなります。そのぶん、戦略も速く考え、速く試し、速く判断することが求められます。

速い実現のためには、「競争」だけでなく「共創」も重要なポイントとなります。持続可能性の観点からも、共創は大切です。また、新しい技術、新しいビジネスの在り方、新しい働き方等々、これまでの知識や経験が役立たない場面が増えてきます。その状況を切り抜けるには、「複雑性思考」が必須です（複雑性思考については第5章をご参照下さい）。

この2点を意識しつつ、これまで先人達や自分達が培ってきた戦略作成とその実践、継続的改善などの様々なノウハウを活用していくことで、DXの旅に乗り出すことができるでしょう。

後日譚 ～DITSで解決！～

　「DXを進めましょう。ただし、『お客様第一』というモットーは忘れずに。また投資できる資金は有限なので、優先度を決めながら進め、投資対効果も測定しましょう!」……院長の決断により、神保町眼科クリニックのDX化が始まりました。「『お客様第一』で、お客様が利用しやすいクリニックを目指したい」という想いから、神保町眼科クリニックでは、いわゆる「カスタマ・エクセレンス」に軸足を置いたDX戦略を取ることとなりました。

「クリニックの利用面でどこに不満があるかアンケートを分析してみようよ」

「何人か直接聞いてみてもいいね。アンケート以外の意見も聞けるだろうし」

「あと、みんなそれぞれお客様役になって、予約の申し込みから支払いまで一通り体験してみようよ。どんなお客様か、ペルソナの設定もしっかりやろう」

　様々なディスカッションを経て、次のような複数のアイデアが出てきました（ここはCDSの手法です）。

・診察の約15分前になったらメールで通知されるようにする

・眼の病気や怪我などの診療と、コンタクトレンズの紛失対応や定期点検などのための軽微な診察を分けて管理する（特に後者は時間の予測がしやすいため）

・診療や診察で処方した薬や、コンタクトレンズや眼鏡の度数の情報を（お客様の同意の元で）隣に併設する薬局や眼鏡店に転送し、来店時にほぼ待たずに受け取れるようにする

・コンタクトの取り換え時期や視力の定期健診をお知らせしたり、眼病予防や目の体操など最新情報を紹介したりするスマホアプリを作る

・支払いを自動化する

　これらの取り組みは、神保町眼科クリニックだけでは実現できないので、番号発券システムの開発を委託したシステム会社と相談しながら進めていくことにしました。

　また、それぞれの案について投資対効果やリスクを洗い出し、優先度を付けました。薬局や眼鏡店との連携や、自分達の業務プロセスの変更が必要となるものもあるので、その影響も検討しつつ、できるところから着手していくことにしま

す。少しずつ期限を決めてまずは実施し、自分達で使ってみたり、一部のお客様に試してもらってフィードバックを受けたりしながら、本当の意味で「使える」サービスにしていくつもりです（ここはHVITの手法です）。

　ただし、ずっと試してばかりで前に進まないのは意味がないので、進捗管理もしっかり行い、投資対効果も数値化する必要があります。そこで、少なくとも次の項目は、必ず測定することにしました（ここはDPIの手法です）。

・お客様にとって　　　：待ち時間の短縮
・クリニックにとって：一日の対応人数、売上の増加

　年配のお客様の中にはITに詳しくない方もいるため、わかりやすく説明することも心がけています。何よりDX化の取り組みは一つ実施すれば完了ではなく、どんどん進化していくので、「取り組みの内容が変わっていくこと」を理解してもらわなくてはなりません。そこでポスターを作成し、クリニックの取り組みの内容と効果を端的に紹介するようにしました。

　こうして、神保町眼科クリニックのDX化の取り組みは、少しずつ、そして確実に前進していきました。

　……世の中にはどんどん新しい技術が登場しますが、「最新技術を使うこと」が目的となってはいけません。あくまで自分達が目指すこと、自分達が大切にしていることを実現するための「手段」として、技術はあるのです。そのためには最新技術の知識だけでなく、自分達の業務プロセスをも変えるという「発想の転換」や、利害関係者に自分達が何を目指していて、それはみんなにとってどのような価値があるのかを伝えて一緒に変わっていく「巻き込み力」も必要だと言えるでしょう（ここはDSVの手法です）。

　このような点を忘れなければ、神保町眼科クリニックのＤＸ化は、今後も順調に進んでいくはずです。

この章のまとめ

☐ DXとは

デジタル以外の手段によっては実現できない可能性がある組織の目標を実現する
うえで、大きな改善を可能にするデジタル技術を利用すること。

☐ DXの戦略

事業戦略とデジタル戦略とIT戦略が関係する。

☐ デジタル戦略の旅　①ビジョンは何か?

DXで何を目指すのか（ビジョン、ミッション、戦略）を決める。

☐ デジタル戦略の旅　②我々はどこにいるのか?

ビジョンに向けた現状分析を行う。

☐ デジタル戦略の旅　③我々はどこを目指すのか?

ビジョン達成のための短期の戦略を立て、具体化する。

☐ デジタル戦略の旅　④どのようにして目標を達成するのか?

戦略遂行のためのビジネスケースを作成し、投資対効果を説明して承認を得る。

☐ デジタル戦略の旅　⑤行動を起こす

戦略を実行に移す。

☐ デジタル戦略の旅　⑥我々は達成したのか?

戦略実行の結果を測定し、分析する。

☐ デジタル戦略の旅　⑦どのようにして推進力を維持するのか?

ビジョン達成のために様々な方法を駆使する。変革を根付かせる。

第8章

ITILの活用⑥

プラクティス・ガイド
－成功事例を参考にする－

実践例
The Practice Guides

過去30年以上をかけて培われてきたサービスマネジメントについての事例が、網羅性を高めてまとめられています。本章では、このプラクティス・ガイドと各事例の特徴について紹介します。

8.1 【はじめに】「プラクティス・ガイド」とは?

1 プラクティス・ガイドとは

　第1章で紹介した通り、ITIL 4の書籍体系に「プラクティス・ガイド」(The Practice Guides) という34ファイル (厳密には「読者用マニュアル (A Readers Manual)」を含めて35ファイル) の電子媒体が含まれています。これは一体何なのでしょうか? また、なぜ電子媒体しかない (印刷物が販売されていない) のでしょうか? まずは基本的なところから紹介していきましょう。

●プラクティスとは

　プラクティス・ガイドは、名前の通り「プラクティス」についての「ガイド」なのですが、「プラクティス」という言葉は様々な用途で使われるため、定義がわかりづらいかもしれません。

　ITIL 4ではプラクティスは次のように定義されています。

KeyWord

プラクティス

作業の実現や達成目標の実現のために作成された、一連の組織のリソース。

出典「ITIL 4ファンデーション」

　ITILで言う「プラクティス」とは、簡単に言えば「事例」や「実践例」「慣行」です。世界中でサービスに携わる人や組織がこれまで実施してきた「成功事例」や「慣行」をまとめ、後続のみなさんの参考になるような「導く (ガイドする)」資料を「プラクティス・ガイド」と呼んでいます。したがって、プラクティス・ガイドは、一言で言えば「参考事例集」と言えます。

●厳密には「フレームワーク」

　「参考事例集」と言っても、「A社従業員XXX人、社内ITシステムの構成と管理体制」といったような具体的な例を挙げて説明するような事例ではありません。このよ

うな事例はイメージしやすい反面、あくまで1つの例でしかないので応用が利きづらいものとなります。

したがってITILでは、規模や業種やポジション（企業内のITでもIT企業でも）等の状況を問わず活用可能なように事例の共通項を抜き出し、一般化しています。このことを指して「フレームワーク（枠組み）」と呼んでいます。

フレームワークは、一見すると抽象的かつ常識的で誰でも知っているような事柄をまとめているだけのような印象を受けますが、それを網羅的にまとめていて誰でも応用できるようになっていることに価値があります。

●Adopt & Adapt（採用と適応）の精神

プラクティス・ガイドだけでなくITILそのもののスタンスでもあるのですが、ITILは従来から「Adopt & Adapt（採用と適応）」の精神を貫いてきました。

「Adopt（採用）」とは、「必要だと思えば使って下さい。必要だと思うところだけ使って下さい」という意味です。一方「Adapt（適応）」は、「事例を一般化したものなので、各組織に合わせてテーラリングして（仕立てて）使って下さい」という意味となります。

もちろん、プラクティス・ガイドもその他の書籍（ファンデーション、CDS、DSV、HVIT、DPI、DITS）も、非常に参考になる内容や普遍的な考え方、世の中の最新かつ具体的な事例などが記載されています。それでもやはり、あくまで参考書籍であり、個々の組織の実情に合わせて当事者が「何が最適か？」を考えなくてはいけないのも事実です。

2 SVSの中の位置付け

プラクティス・ガイドはSVS（サービスバリュー・システム）の中の「マネジメント・プラクティス」にあたります（図8-1）。

SVC（サービスバリュー・チェーン）の活動を行うにあたり、「何をどのように管理するとうまくいくか」についてのプラクティス（事例）がまとめられており、いわば過去30年以上のITILの経験とノウハウを結集したものと言えるでしょう。

3 電子媒体＝継続的改善を目指す意思表示

プラクティス・ガイドは、前述の通り電子媒体でのみ購入が可能です。紙の印刷物として提供しない理由は、これからもどんどん改版されていくことを想定して

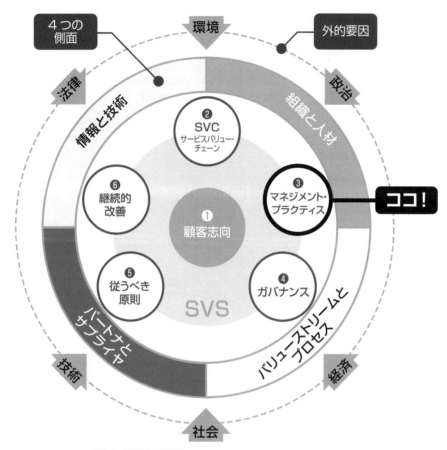

図8-1　SVSの中の位置付け

いるからです。世界はどんどん進化しています。紙に印刷してしまうと、バージョンアップはどうしても遅くなってしまいます。

　その最新の事例をリアルタイムに取り込んで進化するために、プラクティス・ガイドは電子媒体で配布されているのです。

4　各プラクティス・ガイドの構成と特徴

　プラクティス・ガイドはどのファイルも同じ章立てに整理されていて、非常に読みやすく構成されています。基本的には、表8-1のような構成となっています。

章	タイトル	内容
1	本ドキュメントについて	ドキュメントの内訳と対象資格（どのシラバスの試験範囲に相当するか）
2	一般的な情報	プラクティスの目的、用語と概念、範囲、PSF（プラクティス成功要因）と主要測定基準など、基本的な情報
3	バリューストリームとプロセス	プラクティスが主に関係するSVC（サービスバリュー・チェーン）活動、プロセスと活動
4	組織と人材	役割とコンピテンシーとスキル、組織構造とチームの在り方
5	情報と技術	プラクティスのインプット情報とアウトプット情報、それら情報を蓄積し活用するための自動化とツールについて
6	パートナとサプライヤ	プラクティス実施に関するパートナとサプライヤとの関係
7	重要な注意事項	プラクティス・ガイドはあくまでガイドであり、正解でもなければ従わなくてはならないルールでもないことの説明と、「従うべき原則」の重要性についての説明

表8-1　プラクティス・ガイドの構成

●「ITSMの4つの側面」が基本となる構成

　上記の表8-1の3〜6章を見て気付いた方もいるかもしれませんが、この構成は第2章でも紹介したサービスマネジメントの「4つの側面」を軸にした展開となっています（図8-2）。

　ITIL 2011 editionまではITILの内容は「プロセス」偏重となっていましたが、そこにメスを入れ、プロセス以外の側面も包括的に網羅した、バランスの良い、真の「プラクティス」に刷新されたと言えます。

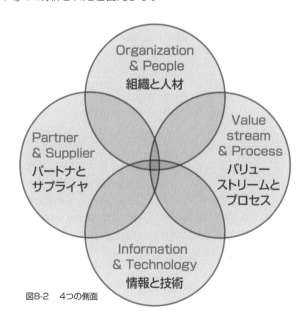

図8-2　4つの側面

●PSF（プラクティス成功要因）

表8-1で紹介したプラクティス・ガイドの構成のうち、第2章「一般的な情報」には、
「PSF」という言葉が登場します。PSFは、簡単に言えば「プラクティスが成功する
ために重要なポイント」のことです。

例えば、インシデント管理プラクティスでは、PSFとして「インシデントを早期
に検出する」「インシデント管理のアプローチを継続的に改善する」などが挙げられ
ています。さらに、プラクティス・ガイドには、これらのPSFを確実に行うための
「主要な測定基準」も紹介されています。例えば、「インシデントを早期に検出する」
というPSFを支える主要な測定基準の一つとして「インシデントの発生から検出ま
での時間」が挙げられている、という具合です。

● コンピテンシー

同じくプラクティス・ガイドの第4章「組織と人材」には、「コンピテンシー」という言葉が登場します。コンピテンシーとは、物事を実施するにあたり必要なスキルと能力を含む行動特性のことを指します。

第3章でも説明した通り、ITIL 4 では、「Leader（リーダー）」「Administrator（管理者）」「Coordinator/Communicator（コーディネータ／コミュニケータ）」「Methods and techniques expert（手法および技法エキスパート）」「Technical expert（技術エキスパート）」という5種類のコンピテンシーを定義しています。これを「コンピテンシー・プロファイル」と呼びます（詳しくはP.70を参照して下さい）。プラクティス・ガイドでは、プロセスの各活動を実施するにあたり、どのようなコンピテンシーが必要かがまとめられています。

MEMO

プラクティス・ガイドの概要はファンデーションにも！
実は、「ITIL 4 ファンデーション」の書籍にも、プラクティス・ガイドの概要が含まれています。34の全プラクティスについて、おおよそ2〜4ページずつ、次の内容が紹介されています。

・主要メッセージ（プラクティスの目的）
・主要な用語の定義
・プラクティスの概要（主な活動）
・バリューチェーン活動への貢献度

もしプラクティス・ガイドが手元にない場合は、日本語版が刊行されている「ITIL 4 ファンデーション」でその概要を確認してもよいでしょう。

5　本章のまとめ方

本章では、原書のプラクティス・ガイドの内容をそのまま書き写すことはしていませんが、読者のみなさんが理解しやすいよう、いくつかのルールに準じて各プラクティスを紹介しています。本章でのまとめ方を簡単に紹介しておきます。

●プラクティスの3つの分類と本書の構成

34のプラクティスは、その起源を元に、次の3つに分類されています（表8-2）。

一般的マネジメント・プラクティス

ITサービスの分野だけでなく、一般的な事業分野で培われてきたプラクティス群を起源とし、それぞれのプラクティスが紹介されています。

サービスマネジメント・プラクティス

サービスマネジメント分野とITサービスマネジメントの分野で培われてきたプラクティス群とし、それぞれのプラクティスが紹介されています。

技術的マネジメント・プラクティス

ITサービスマネジメントというよりは、技術分野で培われてきたプラクティス群を起源とし、それぞれのプラクティスが紹介されています。

一般的マネジメント・プラクティス	サービスマネジメント・プラクティス	技術的マネジメント・プラクティス
・アーキテクチャ管理 ・**継続的改善** ・**情報セキュリティ管理** ・ナレッジ管理 ・測定および報告 ・組織変更の管理 ・ポートフォリオ管理 ・プロジェクト管理 ・**関係管理** ・リスク管理 ・サービス財務管理 ・戦略管理 ・**サプライヤ管理** ・要員およびタレント管理	・可用性管理 ・事業分析 ・キャパシティおよびパフォーマンス管理 ・変更実現 ・インシデント管理 ・**IT資産管理** ・**モニタリングおよびイベント管理** ・問題管理 ・**リリース管理** ・サービスカタログ管理 ・**サービス構成管理** ・サービス継続性管理 ・サービスデザイン ・サービスデスク ・サービスレベル管理 ・サービス要求管理 ・サービスの妥当性確認およびテスト	・**展開管理** ・インフラストラクチャおよびプラットフォーム管理 ・ソフトウェア開発および管理

※太字は「ITIL 4 ファンデーションの試験範囲」です。特に色文字のプラクティスは詳細に出題されます。

表8-2　プラクティス一覧

本章では、「一般的マネジメント・プラクティス」「サービスマネジメント・プラクティス」「技術的マネジメント・プラクティス」の順に説明していきます。

● どのプラクティスが何に役立つか？

実際のプラクティス・ガイドは、前述の通り3つに分類されており、各カテゴリ内の並び（表8-2の縦の並び）は、プラクティス名の英語表記のABC順となっています。本章でもこの順序に従って各プラクティスを紹介していきますが、これでは役割や場面に応じて参考にするべきプラクティスがどれなのかがわかりにくいかもしれません。

そこで、著者の独断で「戦略層」「戦術層」「運用層」という組織の3階層に分けて、各プラクティスが主にどの階層で参考になるかをまとめてみました（表8-3）。

戦略層

サービス・プロバイダとして中長期の戦略を決め、今後どのようなサービスをリリースしたり廃止したりするかを決める層です。組織の戦略（DX戦略を含む）や新規サービスの企画を考えます。

戦術層

戦略を元に具体的な施策を決める層です。個々のサービスを具体的に設計し（運用設計も含む）、設計に基づいてインフラストラクチャの構築、アプリケーションの開発、運用できる人材の準備（プロセスの設計や、役割と責任の決定、人材育成等）、テスト、引継ぎ等を行います。

運用層

戦術を実際に実施する（＝運用する）層です。サービスを設計し準備した通りにお客様に提供します。

本章では、プラクティスごとにアイコンで「どの階層か」を明示しますので参考にして下さい（表8-3は各層の関連度に合わせて〇と△に分かれていますが、次節以降の各プラクティスの解説ページでは、アイコンの濃度で〇と△を示します。濃くハイライトされたアイコンが〇、薄くハイライトされたアイコンが△を示します）。

		戦略層	戦術層	運用層
一般的マネジメント・プラクティス	アーキテクチャ管理	○		
	継続的改善	○	○	○
	情報セキュリティ管理		○	△
	ナレッジ管理	○	○	○
	測定および報告	○	○	○
	組織変更の管理	○	○	○
	ポートフォリオ管理	○		
	プロジェクト管理	△	○	
	関係管理	○	○	○
	リスク管理	○	○	○
	サービス財務管理	○		
	戦略管理	○		
	サプライヤ管理	△	○	△
	要員およびタレント管理	○		
サービスマネジメント・プラクティス	可用性管理		○	△
	事業分析	○		
	キャパシティおよびパフォーマンス管理		○	△
	変更実現		○	△
	インシデント管理		△	○
	IT資産管理		○	△
	モニタリングおよびイベント管理		△	○
	問題管理		△	○
	リリース管理		○	△
	サービスカタログ管理	△	○	△
	サービス構成管理		○	△
	サービス継続性管理	△	○	△
	サービスデザイン	△	○	
	サービスデスク		△	○
	サービスレベル管理	△	○	△
	サービス要求管理		△	○
	サービスの妥当性確認およびテスト		○	△
技術的マネジメント・プラクティス	**展開管理**		○	△
	インフラストラクチャおよびプラットフォーム管理		○	○
	ソフトウェア開発および管理		○	○

表8-3　各プラクティスが関連する組織の階層

MEMO

ITIL V3/2011からの変更点

以前のバージョンでは、サービスライフサイクルの5つの段階である「戦略」「設計」「移行」「運用」「改善」ごとに、主に参考となる管理プロセスを分類して紹介していましたが、ITIL 4ではあえてそれをやめています。それは、アジャイルやDevOpsなど、DXを推進していく組織においては、従来のように段階ごとに役割や組織を分けるのではなく、製品やサービス、または顧客ごとに組織を作り、その中のメンバーがあらゆる段階の仕事を一丸となって実施していくからなのです。ITIL 4では、段階や組織の三階層に基づくプラクティスの分類を行っていないということは、ぜひ理解しておいて下さい。

●本書の各プラクティスの構成

本章では各プラクティスについて紹介していきますが、ITIL の初学者でも各プラクティスの基本的な考え方を理解できることを目的とし、次の構成でまとめています（表8-4）。

では、さっそく次節から、具体的な各プラクティスの紹介を始めていきましょう。

項番	項目	内容
-	プラクティス名【XXXX】	プラクティス名と、そのあとに短い言葉でそのプラクティスを表現しました。
1	用語	プラクティス名に使用されている用語（と、その用語の定義に出てくる用語）について紹介します。
2	なぜXXを管理すべきか？	なぜその管理を行うべきか、その目的と効果について紹介します。
3	あるある失敗事例	よくある失敗事例を紹介し、対象のプラクティスでどのように解決できるかを説明します。
4	よくある質問	対象のプラクティスに関してよくある質問とその回答を紹介します。

表8-4　本章の各プラクティスの構成

8.2 【一般的マネジメント・プラクティス】
アーキテクチャ管理
［構造把握］

戦略層
戦術層
運用層

「アーキテクチャ」とは？

>> 定義

　アーキテクチャとは「構造」「設計思想」を表す英語です。その範囲に応じて次のように様々に使い分けられています。

（例）

・コンピュータ・アーキテクチャ：**コンピュータのハードウェア構造**
・ソフトウェア・アーキテクチャ：**コンピュータのソフトウェア構造**
・システム・アーキテクチャ　　：**ハードウェアとソフトウェアを含むシステム（仕組み）全体の構造**
・エンタープライズ・アーキテクチャ：**事業戦略、組織、人、情報、技術、システムを含むエンタープライズ（事業、企業）全体の構造**

なぜアーキテクチャを管理すべきか？

参考

アーキテクチャ管理の目的

組織を構成するあらゆる構成要素と、これらの要素の相互関係を把握し、組織が現在および将来の達成目標を効果的に達成できるようにすること。

出典「ITIL 4 ファンデーション」

　顧客へ価値を提供するためのサービスと組織がどのように構成されているかを把握することは、基本中の基本です（個々のサービスの構成の管理については，P.280で紹介する「サービス構成管理」プラクティスが参考になります）。

　さらに、より広い目線での現状の把握と今後に向けた戦略や設計も必要です。例えば、次のような観点が挙げられます。

・サービス間のつながりや各事業と各サービスとの関係
・顧客とサービス・プロバイダとパートナやサプライヤとの関係
・政治的、経済的、社会的、技術的、法的、環境的要因といった外的要因と顧客、
　サービス・プロバイダ、パートナやサプライヤのエコシステム全体の構造

　サービスは複数の事柄が組み合わさり、柔軟かつリアルタイムにそのつながりや情報のやり取りが変化し成長しながら、全体として新たな価値を生み出していく仕組みです。関係する登場人物や組織も、その複雑性はどんどん増しています。

　例えば、かつての旅館のサービスは、「旅館と来客」との関係が主であるシンプルなものでしたが、今やTVやインターネット、SNSなど様々なメディアと連携した複合的な宣伝と集客を行い、部屋に入るとセンサーが反応して自動的に電気が点灯し、利用時の精算にはポイントカードとクレジットカードシステムが連動され、利用後に受信したアンケートに答えると抽選でプレゼントに当選する…というような顧客体験（CX）が用意されています。

　この全体の構造を管理することにより、次の新たな技術や外的要因の変化に迅速かつ柔軟に対応することができるようになります。

あるある失敗事例

≫ サービスの最新の構成は把握しているが、新たなビジネスモデルやオペレーションモデルを思いつけない！

⊙ 個々のサービスがどのように構成されていて、構成アイテム（CI）間がどのようなつながりになっているかの最新情報を把握しておくことはもちろん重要です。しかし、それだけで済ませてはいけません。より広い目線で全体の構造を把握し、次の一手を考えることを意識しましょう。その作業が、ビジネスの構造（ビジネスモデル）を考え、それをどのように運用するか（オペレーションモデル）を設計する活動に直結します。

よくある質問

≫ アーキテクトの役割は？

⊙ 対象となる範囲の構造やつながり等、システムのグランドデザイン（全体構造）を設計し、管理することがアーキテクトの役割です。「設計」と聞くと、企画や設計段階などの初期段階でのみ活躍する印象がありますが、サービスの設計においては、サービスが終了するまで継続的に管理と見直しを行わなくてはなりません。

8.3 【一般的マネジメント・プラクティス】 継続的改善 ［永久改善］

戦略層
戦術層
運用層

「継続的改善」とは?

>> 定義

「継続的」とは、ずっと続けることです。「改善」とは、今よりも良い状態に変化することを指します。したがって、「継続的改善」とは、一度きりの改善ではなく、改善活動をずっと積み重ねて続けていくことを意味します。

機能がほしいの組織（会社、部、課、チーム）では、この一か月でどんな改善がなされましたか? その改善は誰がどのように進めましたか? 改善のための時間は、組織的には認められているでしょうか? 自身の身の回りを振り返ってみて下さい。

なぜ継続的に改善すべきか?

参考

継続的改善の目的

製品、サービス、プラクティス、さらに製品およびサービスの管理に関係するあらゆる要素の継続的な改善を通じて、組織のプラクティスおよびサービスを、変化するビジネス・ニーズと整合させること。

出典「ITIL 4 ファンデーション」

「改善しないこと（現状維持）」は、すなわち「衰退」を意味します。改善しないということは現状の状態を維持するので、何も変わらないのではないかと思われる人もいるかもしれません。しかし、

・顧客が求める価値はどんどん進化している
・競合他社は改善し続けている

ということを考えると、相対的に衰退していると言えるのです。

特に顧客は、一度価値を体験すると、二度目はさらに高い価値を期待するものです。また、顧客の目指す成果は、顧客の外的要因によってもどんどん変化し続けます。したがって、顧客の期待に応え、常に顧客のパートナとして価値を共創するためには、改善を続けることが必須です。

この改善は、関係者全員の責務です。一人一人が改善の大切さを理解し、率先して改善していくことが、顧客と自分達およびその他の利害関係者の成長と成功につながります。

あるある失敗事例

>> 年に一度の改善活動を実施しているがいまいち効果が出ない!

➡ 改善活動がノルマ（やらされ仕事）になっていないでしょうか? 改善活動の推進メンバーの目標が「改善の件数」になっていないでしょうか?

自分達が改善活動をする目的と意義をしっかり理解し、小さくてもよいので改善を実施すること自体が習慣化されるように、組織の意識や行動を変えていくことが大切です。

>> 改善したいが時間がない!

➡ 改善活動も業務の一環であり、責務として実施すべきです。「時間がない」のではなく、通常の業務も含めて優先度付けをし、時間を捻出しましょう。

組織によっては、「週にN時間は改善に当てる」というルールを作っているところもあります。このような考え方を参考にするとよいでしょう。

よくある質問

>> どの改善手法がおすすめですか?

➡ 改善に関しては、非常にたくさんの手法や、それを実践するためのツールが世の中に存在します。

どれが正しいというわけではなく、メンバーが「使いたい」「これで改善活動をしてみよう」と同意する手法とツールをいくつかピックアップして試してみて下さい。実際に使ってみて、使いやすいものを選択するとよいでしょう。

8.4 【一般的マネジメント・プラクティス】 情報セキュリティ管理 ［情報保護］

戦略層
戦術層
運用層

「情報セキュリティ管理」とは？

>> 定義

　「セキュリティ」とは、安全・安心を意味する英語です。「情報セキュリティ」とは、特にデータや情報に関する安全を指します。

　個人情報の漏洩や機密情報の漏洩、データの改ざん、アカウントの乗っ取りなど、私達の身の回りにある情報は、常に危険にさらされています。

なぜ情報セキュリティを管理すべきか？

参考

情報セキュリティ管理の目的

組織の事業運営に必要な情報を保護すること。

出典「ITIL 4 ファンデーション」

　製品やサービスの情報、事業戦略、顧客情報、従業員情報等々、組織を運営するにあたり重要な情報がもし改ざんされたり盗まれたりしたら、その組織は維持できなくなります。

　それだけでなく、顧客の個人情報が流出してしまったら、大切なお客様に多大なご迷惑をおかけするとともに、信頼を失ってしまうでしょう。だからこそ、情報セキュリティ管理が必要となるのです。

　しかし、情報セキュリティについて真剣に考えている人は、組織全体で見ると決して多くはありません。実際、セキュリティ・インシデント（セキュリティが危険にさらされるような事故や事件）が発生するまでは、あまり興味を持っていないことが多いのが現実です。

　したがって、情報セキュリティに関するポリシーやルールを作り、仕組み（アクセス権の適切な付与やセキュリティカードや鍵の利用）を実装し、メンバー（および関係するパートナやサプライヤ）が情報セキュリティの大切さを理解し、適切な行動を取れるような教育を実施することが重要となります。

あるある失敗事例

≫ **情報セキュリティのe-Learningを毎月全社員に受講させているが、誰も情報セキュリティポリシーの存在を知らなかった!**

⏩ メンバーの教育の一環として、情報セキュリティについてのe-Learningを実践している企業が多いですが、前述の通り、意識の高いメンバーは少なく、ややもするとe-Learningはただのノルマとなってしまいがちです。

　そうなると、内容を理解せずに、とにかく終了させることが目的となってしまうケースが往々にして起こりえます。

　ですから、「何のためにこのe-Learningを行っているか」をしっかりと説明することが大切になります。また、e-Learning以外の、心に響き、記憶に残る取り組みを模索することも必要でしょう。

よくある質問

≫ **ITILの情報セキュリティ管理プラクティスはISMS?**

⏩ その通りです。ITILでは、情報セキュリティ管理において、ISMS（情報セキュリティ管理システム、ISO/IEC 27001）を参照しています。

参考

有用性と保証

「有用性」とは、顧客が求めている機能（目的に適った機能）を実現できているかどうか、一方「保証」とは、有用性が使用に適したレベルで提供できているかどうか（可用性、キャパシティ、継続性、セキュリティ）を指します。「情報セキュリティ管理」は、保証の1つを支えるプラクティスです。

8.5 【一般的マネジメント・プラクティス】
ナレッジ管理
［知識活用］

戦略層
戦術層
運用層

「ナレッジ管理」とは？

>> **定義**

　ナレッジは「知識」と訳され、物事を認識したり理解したりすること、およびその認識や理解した事柄を指します。ナレッジは、経験を通して得られるだけでなく、データや情報を元に得ることもできます。

例

　・営業に同行したことで、営業がどのような活動をしているか理解できた
　・スーパーの過去一年間の売上データを分析したら、気温と商品の売れ行きの相関関係がわかった

なぜナレッジを管理すべきか？

参考

ナレッジ管理の目的

組織全体の情報とナレッジの利用の有効性、効率性、利便性を維持し、改善すること。
出典「ITIL 4 ファンデーション」

　ナレッジ管理の目的をもう少しわかりやすく説明すると、「適切な人に、適切な情報を、適切なタイミングで、確実かつ容易に入手できるようにすること」と言えます。

　組織に所属するメンバーは、顧客へ価値を提供するために、たくさんの経験を積んで試行錯誤を続けて今があります。そこには数知れない成功体験や失敗体験も含まれますし、顧客データ、商品情報、様々な施策の結果などがあります。

　それらの貴重なナレッジを管理しなければ、全て「個々人のナレッジ」として、属人的なもので終わってしまいます。

　つまり、組織としてのナレッジは蓄積されず、その結果、組織としてナレッジを活用することができません。

　顧客と価値を共創するサービス・プロバイダであり続けるためには、「組織」としてナレッジを管理することが大切なのです。

あるある失敗事例

≫ 情報共有を各自に任せたら、どこに何があるかわからなくなった!

● 「ナレッジ管理の目的」で説明したように、組織全体として効率的かつ適切にナレッジにアクセスできるようにするためには、ナレッジ管理の戦略や方針を決めるべきです。

　戦略や方針には、ナレッジを蓄積して共有するためのルールだけではなく、容易に必要なナレッジに到達するための検索を含めた方法や、不要となった情報やナレッジの廃棄についてのルールも盛り込みましょう。

　戦略の変更やサービス内容の変更、ナレッジを利用する利害関係者の変更、そして技術の進化によって、ナレッジ管理の方針や手段はどんどん変わっていきます。ですから、状況に応じてどんどん見直すようにしましょう。

よくある質問

≫ 企業の情報システム部門の立場の場合、ナレッジ管理は部門内が対象?
**　それとも企業全体が対象?**

● どちらが正解ということはなく、「どちらに決めるか」という問題です。ナレッジ戦略を作成する際に、何を目的に、どの範囲でナレッジを管理したいのかを決定するようにして下さい。

> 参考

ナレッジ管理の元祖

ナレッジ管理の元祖はSECIモデルです。SECIモデルについてはP.201をご参照下さい。

8.6 【一般的マネジメント・プラクティス】 測定および報告 ［基本のキ］

戦略層
戦術層
運用層

「測定および報告」とは？

>> 定義

　「測定」とは、対象の数や大きさや量や程度を何かしらの基準となる単位を持って確認することを意味します。

　一方「報告」は、自身で集めた情報や他から得た情報を、口頭または書面で説明することを意味します。

　測定するためには、事前に「何のために測定するのか」「誰に何を報告するのか」を明確にし、そのために必要な測定対象と測定項目、測定頻度、測定に必要なツール等を決める必要があります。

なぜ測定と報告をすべきか？

参考

測定および報告の目的

不確実性を減らして、正しい意思決定と継続的な改善を支援すること。

出典「ITIL 4 ファンデーション」

　例えば、次の2つの発言のうち、どちらのほうがより説得力があり、「改善しなくてはいけない」という気持ちになるでしょうか。

A.「最近、お客様が増えている気がするけれど、売上が伸びないなぁ」

B.「昨年の8月以降、時間あたりの来客数は2割増加しているが、売上は全体的に横這いまたは5%減となっている。売上データと監視カメラの映像を分析すると、ただ店内を見て回るだけの人数が増えている。特に毎週土曜日の午後が混雑しているが、そのタイミングの売上が低くなっている。原因を調査したい！」

　言うまでもなく、「改善しなくては！」という気持ちになるのはBの発言だと思います。事実に基づかない意思決定や改善活動はリスクが高く、失敗しやすいものです。また、根拠が不明確であるため、周りの賛同も得られにくくなります。

　　・現状を可視化する
　　・目標とのギャップ分析を行う
　　・ギャップを是正するための適切な解決策（改善案）を決定し、実施する
　　・ビジョンや長期目標達成のための継続的な改善を行う

　適切な改善を行うためには、上記のような点に注意を払うべきです。そのために必要となるのが、「物事を客観的に把握できる測定」と、「自分自身も含めた利害関係者への報告」なのです。つまり、「測定および報告」は、組織の前進のために、つまり、顧客へより良い価値をお届けし続けるために欠かせない要素だと言えます。

あるある失敗事例

≫ いつのまにか測定することが目的になっていた！

🔴 特に報告が義務付けられている環境や立場にいると、測定し報告すること自体が目的となってしまうことがあります。しかし、本来の目的は、「その測定された結果をどのように分析して次の改善に活かすか」です。

　したがって、測定と報告を顧客や上司から依頼されたり、前任者の後を引き継いだりした場合（例えば、サービスの運用結果を毎月顧客に報告する役割を引き継いだ場合）、「なぜこの項目を測定してほしいのだろうか？」「他に必要な情報や観点はないだろうか？」と考えることをおすすめします。また、技術はどんどん進歩しているので、最新技術を活用し、「より効率的で抜け・漏れのない測定や分析方法」を常に模索することも忘れないようにしましょう。

よくある質問

≫ OKRとKPIは違うもの？

🔴 最近よく聞くようになった「OKR」は、KPIとは少し異なります。OKRは Objectives and Key Resultsの頭文字で、目標と主要な結果の組み合わせです。OKRの詳細は、P.212を参照して下さい。

8.7 【一般的マネジメント・プラクティス】
組織変更の管理
［組織変更］

戦略層
戦術層
運用層

「組織変更」とは？

>> 定義

「組織変更」とは、組織とそこに所属または関係する人に関する変更を指します。ITILで「変更」と言うと、サービスに影響を及ぼす可能性のある何らかの追加、修正、削除のことを指し、「変更実現」プラクティス（P.266参照）でその管理と実現方法については説明がなされています。しかし、特に組織と人に関わる側面については人間心理や集団心理が働くため、異なる観点での注意や進め方があります。

繰り返し説明している通り、より良い価値を顧客に届け続けるためには、常に改善し続けることが必須です。そして改善にあたっては、メンバーの仕事の仕方、ユーザの使い勝手、さらには組織変更などを変えることもあり、抵抗感が生まれることは少なくありません。

特に、変更のたびにインシデントが発生してサービスが使えなくなったり、仕事が著しく忙しくなったり、変更に慣れ始めたらまた次の変更が発生したり、という経験を繰り返すと、変更そのものへの抵抗感が強くなることもあります。だからこそ、「組織変更の管理」が大切になるのです。

なぜ組織の変更を管理すべきか？

参考

組織変更の管理の目的

組織で変更が円滑かつ成功裏に実施されることと、変更における人に関わる側面を管理して、持続的なメリットの実現を確実にすること。

出典「ITIL 4 ファンデーション」

サービス提供の根幹は「人」です。どのように良い戦略があっても、最新の技術で支えられていても、最適化されたプロセスや手順が整備されていても、最終的にそれを実行し、管理し、日々改善するのは人間なのです。したがって、サービスに関わ

る様々な人（ユーザ、顧客、スポンサ、サービス・プロバイダ、パートナ、サプライヤ等）が、サービスとその改善に対して前向きで協力的であるように仕向けることは、サービスを成功させるための重要なポイントとなります。

その際は、ジョン・P・コッター氏が著書「企画変革力」で提唱した「変革の8段階のプロセス」（下記）なども参考になります。なお、変革の8段階のプロセスの詳細については、P.163、P.208もご参照下さい。

1. 危機意識を高める 2. 変革推進のための連帯チームを築く
3. ビジョンと戦略を生みだす 4. 変革のためのビジョンを周知徹底する
5. 従業員の自発を促す 6. 短期的成果を実現する
7. 成果を活かして、さらなる変革を推進する 8. 新しい方法を企業文化に定着させる

出典：「企業変革力」（ジョン・P・コッター著、日経BP社刊）

あるある失敗事例

>> 「べき論」で推し進めたら関係者から総スカンをくらった…

💠 ビジョンや目標を目指して現状を分析し、改善していくことは非常に素晴らしいことです。しかし、その進め方が悪いせいで、物事がうまく進まないケースがよく見受けられます。

利害関係者がこれまで実施してきた事柄を真っ向から否定すると抵抗感が生まれ、それ以上相手の意見を聞きたくなくなるものです。

ですから、これまでの実績に理解を示しつつ、「共通の目標（顧客に価値を提供する）」に向けてより改善するにはどうすべきか、同じ方向を見て進めるような心理的配慮を行いましょう。それにより、物事をスムーズに前進させやすくなります。

よくある質問

>> OCMとMOCとChange Managementは違うもの？

💠 おおよそ同じです。ITILではOCM（Organizational Change Management）としていますが、MOC（Management Of Change）と表現する組織もあります。

また、Change Managementを使用する組織もありますが、ITILでは前バージョンまで「変更管理」（ITIL 4では「変更実現」）としてこの表現を用いていたため、区別するためにOCMを使用しています。

8.8 【一般的マネジメント・プラクティス】 ポートフォリオ管理 ［戦略一覧］

戦略層

戦術層

運用層

「ポートフォリオ」とは？

≫ 定義

「ポートフォリオ」とは、戦略を反映してまとめられた、「現在と今後、何にどれくらい投資するかをまとめた一覧」です。

例えば「サービス・ポートフォリオ」を作成する場合は、「今後リリース予定のサービス」「現在提供中のサービス」「廃止予定のサービス」に分けてまとめるのが一般的です。まとめる際には、各サービスの投資対効果（ROI：Return On Investment）やリスクを算出し、それを元に優先度を決めていきます。

自分達が取り扱う製品やサービス以外にも、アプリケーションやプロジェクトなどのポートフォリオもありますし、投資対象ではないですが、「現在と今後の顧客一覧」という意味で「顧客ポートフォリオ」と呼ばれるものもあります。「顧客ポートフォリオ」とは、サービスや製品の現在と将来の顧客について、現状の顧客は誰で今後誰が顧客となるかをまとめたものです。これらも参考にして、前述のサービス・ポートフォリオを検討していきます。

なぜポートフォリオを管理すべきか？

参考

ポートフォリオ管理の目的

組織がプログラム、プロジェクト、製品およびサービスを適切に組み合わせて、資金とリソースの制約がある中で戦略を実行できることを確実にすること。

出典「ITIL 4 ファンデーション」

上述の通り、ポートフォリオは「現在と今後、何にどれくらい投資するかをまとめた一覧」です。戦略で決めた方向性を元に、組織の限りあるリソースを組織全体にどのように配分するかを客観的な目線で考え、関係者間で共通理解を持つことを目指します。

また、状況の変化に応じてリアルタイムに個々の投資対効果やリスクを見直し、それに応じた優先度も見直すことで、顧客からの需要や外的要因の変化に適応しながら進むことができます。

あるある失敗事例

>> いつも急に新しいサービスのリリースが告げられるので、運用側の準備ができておらず、大混乱となる…

▶ 戦略が決まり、新しいサービスの企画や、運用中のサービスのバージョンアップまたは廃止が決まったら、サービス・ポートフォリオを更新し、その時点で、運用も含めた利害関係者に知らせるようにしましょう。

運用サイドは、ぎりぎりのリソースで現場を回していることがほとんどです。新しいサービスを受け入れる場合には、そのためのメンバーの割り当てと教育の準備があります。

また、運用設計にあたっては運用メンバーの意見が非常に参考になりますし、スムーズなサービスの立ち上げには欠かせません。

よくある質問

>> 「サービス・ポートフォリオ」と「サービスカタログ」の違いは？

▶ サービス・ポートフォリオは現在と今後のサービスの一覧をまとめているのに対して、サービスカタログは現在運用中のサービスの一覧をまとめたものです。

サービスカタログはお客様（ユーザ、顧客、スポンサ）に見せてよいですが、サービス・ポートフォリオは不確定な要素も多いため、基本的にはお客様には見せません。ただし、関係管理の一環として、スポンサや顧客に見せる場合もあります。

MEMO

ITIL V3/2011からの変更点
以前のバージョンでは、「サービス・ポートフォリオ管理」でしたが、ITIL 4では「ポートフォリオ管理」となり、サービス以外のポートフォリオも含め様々なポートフォリオの管理を指す汎用的なものとなりました。

【一般的マネジメント・プラクティス】
8.9 プロジェクト管理
［着実完成］

戦略層
戦術層
運用層

「プロジェクト」とは？

>> 定義

KeyWord

プロジェクト

合意済みのビジネスケースに従い、1つまたは複数のアウトプット（または製品）を提供する目的で構築された一時的な仕組み。

出典「ITIL 4 ファンデーション」

KeyWord

ビジネスケース

組織のリソースを消費する根拠。コスト、便益、選択肢、リスク、課題に関する情報を示す。

出典「ITIL 4 ファンデーション」

「プロジェクト」は、次の3つの特長を持つと言われます。

- ・納期が決まっている
- ・アウトプット（成果物）が決まっている
- ・過去に前例がない

なお、「過去に前例がない」と言っても、見たことも聞いたこともない画期的なものである必要はありません。「作業者が異なる」「使用する製品のバージョンが新しい」など、何かしら条件が異なり、リスクが高くなることを表すと考えて下さい。

例

- ・1年で家を建てるプロジェクト
- ・半年でシステムの新機能を開発するプロジェクト
- ・1か月でサービスデスクのメンバーを育成するプロジェクト

なぜプロジェクトを管理すべきか？

参考

プロジェクト管理の目的

組織内の全てのプロジェクトが成功裏に遂行されることを確実にすること。

出典「ITIL 4 ファンデーション」

　ビジネスケースに基づき、「リスクや課題も加味して検討した結果、いついつまでに完成すれば投資対効果があると判断したので実施しましょう」と決定されたものがプロジェクトです。したがって、納期までに求められた品質の成果物を、想定内のコストで、リスクや課題を抑えながら実現できるように管理することが必要となります。

あるある失敗事例

≫プロジェクトを予定通り完成させたが、顧客の満足度が低かった…

🔴 従来は「プロジェクトは予定通りに完成できれば成功」という考え方が主流でした。しかし変化の激しい現代は、顧客の要件も外的要因もどんどん変化します。そのため、プロジェクト開始当初に決めていた成果物が完成時には古くなってしまい、顧客にとって価値を提供するものではなくなっていることが増えてきました。ですから、常に「顧客の意見」を確認するように注意しましょう。

よくある質問

≫ プロジェクト管理はITILと別なんじゃないの？

🔴 確かに、これまでは「モノ作りはプロジェクト管理、コトづくりはサービスマネジメント（つまりITIL）」というように分けて説明されることが多かったです。しかし、「顧客に価値を提供し、共創する」という観点で考えると、プロジェクト管理もITILやサービスマネジメントの一環と言えます。

参考

プロジェクトとプログラム

複数のプロジェクトが集まったものをプログラムと呼びます。例えば、オリンピックは、オリンピック開催国を選定するプロジェクトや出場選手を決定するプロジェクト、開催地を決定するプロジェクト等、様々なプロジェクトにより構成されている、一つの大きなプログラムです。

【一般的マネジメント・プラクティス】
8.10 関係管理
［関係良好］

戦略層
戦術層
運用層

「関係」とは？

>> 定義

　「関係」とは、2つ以上の物事が関わること、およびその関わりを指します。また「関係管理」プラクティスにおいては、主にサービス・プロバイダと利害関係者との関わりを指します。「利害関係者」とは、具体的には次のようなメンバーのことです。

- スポンサ、顧客、ユーザ
- サービス・プロバイダ内のメンバー
- パートナ、サプライヤ
- 株主などその他の利害関係者

なぜ関係を管理すべきか？

参考
関係管理の目的

戦略レベルおよび戦術レベルで組織とその利害関係者とのつながりを確立し、深めること。
出典「ITIL 4 ファンデーション」

　サービスを成功させるのは、結局は「人」です。
　お客様が何に課題を持ち、何を求めているのかという「真の声」を聞くためには、お客様との関係が良好で、建設的なほうが良いのは自明のことでしょう。
　また、より良いサービスをお客様に提供するために、現場で何に困っているのか、何をどう改善すればよいかを探るには、サービス・プロバイダのメンバーやパートナ、サプライヤとの関係も良好で建設的である必要があります。

　良好な関係性を確実に維持し、さらに良くしていくためには、「何となく思いついたときに連絡を取る」というレベルではなく、利害関係者の洗い出しや関係性のモニタリングと分析に基づく対策の実施など、しっかりとした管理を行うべきです。

あるある失敗事例

>> 親密な顧客担当者がいたので安泰だと思っていたら、人事異動で担当者が変わってしまい、サービスの契約を解除されそうだ…

⏩ サービスに関係する顧客とその周りの環境を把握し、その情報を常に更新することは重要です。

　また、顧客が今後変更となる可能性はあるのかどうか、また変更となった場合に、サービスを継続して利用してもらえるのかも、常に考慮しておかなければなりません。

　言い換えると、「自分達が提供しているサービスは、顧客の事業成果の実現にどのように貢献できているか」をきちんと説明できるようになっておく必要があると言えるでしょう。そうすれば、顧客の変更があっても、真に価値のあるサービスであると認識してもらいやすくなるので、解約のリスクは低くなるはずです。

よくある質問

>> パートナやサプライヤとの関係管理は「サプライヤ管理」ではないの？

⏩ 「サプライヤ管理」プラクティス（P.256参照）では、サプライヤとそのパフォーマンスを管理します。

　サプライヤから適切なパフォーマンスを引き出すためには、サプライヤとの関係が良好なほうがもちろん良いはずです。

　その関係を良好にするためのヒントが、この「関係管理」プラクティスに記載されています。ですから、サプライヤを管理する人は、この「関係管理」プラクティスも参考にすることをおすすめします。

【一般的マネジメント・プラクティス】

8.11 リスク管理
［不確実性］

戦略層
戦術層
運用層

「リスク」とは？

>> 定義

KeyWord
リスク

損害や損失を引き起こす、または達成目標の実現をより困難にする可能性があるイベント。成果の不確実性と定義することもでき、プラスの成果とマイナスの成果の確率測定に関連して使用できる。

出典「ITIL 4 ファンデーション」

　「リスク」とは、一般的に「何か悪いことが起きそうなこと」を指す言葉として使用されます（上記の1つ目の定義）。

　しかし厳密には、「悪いことが起きるか、良いことが起きるか予測がつかないこと（＝不確実性）」という定義のほうがより適切です（上記の2つ目の定義）。

なぜリスクを管理すべきか？

参考
リスク管理の目的

組織がリスクを把握して有効に対処できるようにすること。

出典「ITIL 4 ファンデーション」

　いつどれくらい悪いことが起きるかを予測できないと、実際にインシデントが発生した際の損害や損失が大きくなります。同時に、いつどれくらい良いことが起きるかを予測できないと、良いタイミングで適切な投資ができないため、機会損失となってしまいます。

　もちろん、リスクはそもそも「不確実性」なので、全てを完璧に予測することはできません（予測できるのであれば、それはリスクではありません）。

だからこそ、次のような活動を通してリスクを管理することが重要です。

・リスクの存在に気付いたら、それを取り上げる
・どれくらいのリスクと言えるかを、発生頻度と発生した場合に被る損害から算出する
・上記のリスクが発生した際に、受け入れられるかどうかを吟味する
・受け入れられない場合は、対策を打つ

もちろん、組織のリスク選考度（どれくらいリスクを取るカルチャか）によってリスクの評価は異なりますし、状況の変化によってリスクも分析結果も変わっていくため、それらを加味しながら定常的にリスクを管理しなければなりません。

あるある失敗事例

» アプリケーションのバグを修正したら、別のところに影響が出てサービスが
  1日止まってしまった!

▶ これは、アプリケーションの一か所の修正にだけ意識を集中しすぎたために、他への影響を予測できなかった例です。このような場面では、「変更実現」プラクティス（P.266参照）を参考にするとよいでしょう。複数の立場のメンバーにより、多角的な観点から、リスクがないかどうかについて意見交換することが重要です。

もちろん複数のメンバーであっても、全てのリスクを洗い出すことはできませんが、「もしこの修正作業のせいでサービスが止まってしまっても大丈夫か？」というレベルでのリスクの評価はできるでしょう。

よくある質問

» リスク管理は誰が実施すべきですか？

▶ 組織の全員が関与するべきです。何かリスクに気付いたら報告してメンバー間で共有し、どのように対処すべきか検討するようにしましょう。

また、マネージャや組織も、現場がリスク管理をしやすい環境を用意しましょう。この「メンバー全員の責務だ」という考え方は、P.234で紹介した「継続的改善」プラクティスと共通すると言えます。

【一般的マネジメント・プラクティス】

8.12 サービス財務管理

［金銭感覚］

戦略層
戦術層
運用層

「サービス財務」とは？

>> 定義

　一般的に企業経営における「財務」とは、企業経営を成功させるために必要な資金を集め（資金調達）、その資金の使用計画を立て（予算）、運用・管理していく（資金運用、資金繰り、資金管理）業務のことを指します。

　そして「サービス財務」とは、特に「サービス」に関する財務を指します。

なぜサービスの財務を管理すべきか？

参考

サービス財務管理の目的

組織による財源と資金の効果的な利用を確実にすることで、組織のサービスマネジメントの戦略および計画を支援すること。

出典「ITIL 4 ファンデーション」

　サービスは一過性のものではなく、長い期間（10年や20年、あるいはそれ以上）継続するものであり、様々な構成アイテムや利害関係者が変更しながら関わるため、財務的観点からの管理が複雑で難しいものです。

　しかし、それを理由に管理していないと、何にどれくらいコストがかかっていて、どの程度効果が出ているのかを客観的に算出できないため、サービスの廃止や変更や追加投資の判断が遅れてしまう原因となります。

　ですから、例えば次のような点について、どのくらいのコストがかかっているか（今後かかるか）をきちんと把握できている必要があります。

●サービスをリリースするまでにかかる総開発コスト

　研究開発のための工数と給与、ハードウェアやソフトウェアの費用、運用設計のための費用、テスト環境の構築費用、各種ライセンス費用など。

●サービスを運用するためにかかる運用コスト

　設備費、運用メンバーの工数と給与、パートナやサプライヤとの契約料金、システムの維持費、各種クラウドの利用代金、ソフトウェアおよびユーザアカウントのライセンス費用、ユーザからのフィードバックを受けるための仕組みの費用、運用管理ツールの費用等など。

●サービスを改善するためにかかるコスト

　継続的に改善するための仕組みと改善活動のためのメンバーの工数など（何を改善するかは問題や課題が出てきてからわかるので、ある程度想定するしかない）。

あるある失敗事例

>> 運用コストはザル勘定で、運用メンバーの給与×1年ぶんとしていた！

● これでは、どのサービスにどれくらいのコストがかかっているのか判別がつきません。ですから、サービスごとに分けて算出するように管理しましょう。

　この情報を算出できるようになれば、「ポートフォリオ管理」（P.244参照）でサービスごとの投資対効果や複数のサービス間の優先度を判断することが可能になり、その判断結果を客観的に顧客やスポンサに説明することができるようになります。

よくある質問

>> 財務管理は企業の財務部門が行えばよいのでは？

● 企業全体としては、財務部門が包括的に実施するべきですが、個々のサービスの財務についてはサービスの実際の内容を理解し実践している、各サービスの責任者（またはサービス財務管理の責任者）が実施し、企業の財務部門と連携するのがよいでしょう。

　サービスの価値を財務的観点で説明できるようになると、顧客やスポンサと会話がしやすい点も、サービスの責任者がサービス財務管理を行う利点です。

【一般的マネジメント・プラクティス】

8.13 戦略管理
［方向決定］

戦略層
戦術層
運用層

「戦略」とは？

>> 定義

　「戦略」とは、組織の中長期の方向性を決め、それを実現する概要レベルの活動内容とリソース配分を決めることです。

なぜ戦略を管理すべきか？

参考

戦略管理の目的

組織の最終目標を策定し、それらの最終目標を実現するために必要な一連の行動およびリソース割り当てを決めること。

出典「ITIL 4 ファンデーション」

　組織が具体的に構成され、動くためには、まずはどの方向に進めるべきかが明確に提示されていることが望ましいです。「戦略」はそれを指し示すためのものと言えます。

　もちろん、一度戦略を決めれば終わりではありません。特に最近は、顧客価値を含む外的要因の変化に応じた、迅速かつ柔軟な戦略の軌道修正が求められるようになっており、戦略の見直しの間隔が短くなってきています。

　ですから、例えば次の要素を考慮して戦略を検討する必要があるでしょう。

・DX対応
・変化する産業構造や競合における顧客および自組織の立ち位置（ポジション）
・SDGs、D&I（ダイバーシティ・アンド・インクルージョン）、ESG投資等に代表される、持続可能な社会への貢献

参考

組織の3階層

一般的に、組織は「戦略層」「戦術層」「運用層」の3階層で構成されているという考え方があります。戦略が戦術、さらに運用へと落とし込まれること、また、運用した結果が戦術や戦略へフィードバックされて適切な軌道修正がなされることが、組織が成功し成長していくためには重要となります。

- 戦略層：**組織の方向性と、概要レベルの活動やリソース配分を決める層**
- 戦術層：**戦略を実現するための、具体的な施策を決める層**
- 運用層：**戦術層で決めた施策を実際に実行する層**

したがって、戦略を管理することは、組織運営の根幹として必要不可欠です。

あるある失敗事例

>> 中期経営計画が3年に一度発表されるが、達成度が不明で、うやむやなまま次の中期経営計画が発表されてしまう！

▶ 3年の間に様々なこと（政治、経済、社会、技術、法律、環境）が大幅に変化し、当初目指していた目標が意味のないものになっていたり、状況的に達成不可能になっていたりすることは珍しくありません。

　大きな方向性は維持しつつも、状況に合わせた軌道修正をしていき、その結果のレビューをしっかりすることで従業員のモチベーションを維持し、大局で見た成功につなげることを心がけましょう。

よくある質問

>> 戦略管理とポートフォリオ管理の関係は？

▶ 「戦略管理」で決める戦略は、組織の方向性です。その戦略を元に、サービス・ポートフォリオをはじめとした各種のポートフォリオを作成します。

8.14 【一般的マネジメント・プラクティス】
サプライヤ管理
［最適調達］

戦略層
戦術層
運用層

「サプライヤ」とは？

>> 定義

KeyWord

サプライヤ

組織で使用されるサービスを提供する責任を負った利害関係者。

出典「ITIL 4 ファンデーション」

　サービスマネジメントの4つの側面(P.50参照)の1つに「パートナとサプライヤ」があります。今回紹介する「サプライヤ管理」プラクティスは、パートナの管理にも適用できるものです。

　なお、「パートナ」とは、サプライヤよりもより対等な関係で緊密に連携する利害関係者を指します。したがって、「戦略的なサプライヤ」（共通の戦略実現のために協働するサプライヤ）をパートナシップの関係を持つサプライヤ、つまり「パートナ」ということができるでしょう。

KeyWord

パートナシップ

共通の目標を実現するために緊密に連携することを伴う、2つの組織の関係。

出典「ITIL 4 ファンデーション」

なぜサプライヤを管理すべきか？

参考

サプライヤ管理の目的

高品質な製品およびサービスが円滑に提供されるように、組織のサプライヤおよびそのパフォーマンスを適切に管理することを確実にすること。

出典「ITIL 4 ファンデーション」

　顧客に価値をお届けし、共創するためには、そのサービスの一部を構成している製品やサービスを管理するのは当然のことです。そして、その製品やサービスはサプライヤから提供されています。

　サプライヤに提供してもらっている製品やサービスのことを、上記の目的では「その（＝サプライヤの）パフォーマンス」としています。

　意外とここの管理が後回し（手薄）にされやすく、とりあえずサプライヤを選定して契約したら、「あとは丸投げ」ということが少なくありません。

　特に、サービスデスクのアウトソーシングやインフラ運用のアウトソーシングなど、サービスの一部をアウトソーシングしている場合は、定期的な報告とレビューの場を設け、当初契約していた通りのパフォーマンスが出ているかをお互いに確認し合うようにしましょう。そして「改善が必要」となったら、スピーディに改善を依頼したり相談したりするべきです。

　「顧客に価値を提供し続け、サービスをリピートして利用してもらう」という共通の目標のために、サプライヤにも価値の共創に参加してもらうことが大切なのです。

あるある失敗事例

≫ インフラストラクチャとアプリケーションとネットワークの運用を別々のサプライヤにアウトソースしているが、インシデントが発生すると、互いに「切り分けしてもらって自社の責任範囲だとわかれば対応します（それまでは対応しません）」と突っぱねられてしまう！

● このような場合は、サービスを統合的に管理するための仕組みを考えましょう。「サービスを中断させない」という共通の目標を目指して協働（コラボレーション）するべきです。

よくある質問

≫ アウトソーシングはどの程度活用すべき？

● アウトソースすべきか、インソース（内製化）すべきかに正解はなく、戦略的に判断するのみです。「コスト削減のため」「コア・コンピタンスに集中するため」「社員の技術力を上げるため」など、様々な判断基準がありますので、総合的に検討していきましょう。

8.15 【一般的マネジメント・プラクティス】 要員およびタレント管理 ［人材管理］

戦略層
戦術層
運用層

「要員とタレント」とは？

>> 定義

　ITILの原書では、「要員」の元の英語は「workforce」となっています。仕事に従事する人数、つまり「労働力」という意味での人を指します。

　一方「タレント」は、ナレッジや能力、スキル、仕事に向かう態度、適性、経験等を指す言葉で、「コンピテンシー」と言い換えてもよいでしょう。

なぜ要員とタレントを管理すべきか？

参考

要員およびタレント管理の目的

事業達成目標の達成を支援するために、適切なスキルとナレッジを備えた優れた人材を組織内の適切な役割に確保すること。

出典「ITIL 4 ファンデーション」

　価値あるサービスを継続的に提供し、組織が成長していくためには、「人」が命です。そのために必要な人材を、適切なタイミングで、適切な役割に配置することが非常に重要になります。それとともに、将来を見越した採用と人材開発も大切となるでしょう。特に人材開発には、自己啓発の促進や、メンタリング、後継者育成なども含まれます。

　組織のビジョンと戦略の分析手法である「バランス・スコアカード」の4つの観点 (P.194参照) の1つも「学習と成長」です。このことからも、持続可能な組織を作るためには、要員とタレントの管理が必須であることは明白でしょう。

MEMO

バランス・スコアカード（BSC）

ロバート・S・キャプラン氏とデビッド・ノートン氏が1992年に「Harvard Business Review」に発表した業績評価システムです。それまで財務指標に偏り過ぎていた評価の軸を、顧客満足とそのための業務プロセスの実現、従業員の学習と成長というバランスのよい観点で評価し、中長期の成功を狙うための業績管理手法としてまとめられました。

あるある失敗事例

>> 長年提供していたサービスを廃止することとなったが、サービス提供に携わってきた要員の再教育・再配置について計画を立てていなかった！

⏩ 技術がどんどん進化し、外的要因も変化が激しい現代において、サービスの入れ替わりはこれまで以上に激しくなっていくことでしょう。

　特に昨今は、個々人が常に「世の中で何が求められているのか」にアンテナを張り巡らし、自己啓発を続けるリカレント教育（生涯学習）の時代に入ったと言えます。

　同時に組織の側も、顧客に価値を提供できるためにどのようなサービスが必要で、そのためにどのようなタレント（知識やスキル、能力、態度）が必要かを見極め、適した人材の発掘と開発（リスキリング）を、これまで以上にリアルタイムに変動しながら進めていく必要が出てきました。

　したがって、「要員およびタレント管理」単独ではなく、「戦略管理」（P.254参照）や「ポートフォリオ管理」（P.244参照）との密な連携も必須だと言えるでしょう。

よくある質問

>> 要員管理を行っていれば、キャパシティ管理では要員の管理をしなくてよくなるの？

⏩ いいえ、違います。キャパシティ管理（P.264参照）では、対象となるサービスが顧客と合意したパフォーマンスを出せるように、人数等のキャパシティの観点から管理します。

　したがって、要員およびタレント管理とキャパシティ管理は、「人材」という観点で連携して考えるべきです。

8.16 【サービスマネジメント・プラクティス】 可用性管理 ［使用可能］

戦略層
戦術層
運用層

「可用性」とは？

>> 定義

KeyWord

可用性

ITサービスまたはその他の構成アイテムが、合意された機能を必要なときに実行できる能力。
出典「ITIL 4 ファンデーション」

　「可用性」とは、簡単に言えば「使いたいときに使えること」です。「可用性管理」とは、顧客が事業成果を出すためにサービスをいつ使いたいかを見極め、そのときにちゃんと使えるように管理しておくことを指します。

なぜ可用性を管理すべきか？

参考

可用性管理の目的

顧客およびユーザのニーズを満たすために、サービスが合意されたレベルの可用性を確実に提供すること。
出典「ITIL 4 ファンデーション」

　可用性を管理する理由は、「この時間はサービスを使いたい！」という顧客のニーズを実現し、顧客が心配なくサービスを利用して自身の成果を追求できるようにするためです。

　可用性が低いと、ユーザは必要なときにサービスを使えないので、せっかく良い機能が用意されていたとしても、サービスとしては価値がありません。可能性は機能ではなく、その機能を適切に使えることを「保証」するための「非機能」の一つとして説明されます。

あるある失敗事例

>> ITシステムは動作していたが、サービスデスクが止まっていた!

💡 ユーザがサービスを使えるための要素は多岐にわたります。サービスを構成しているものは、ITシステム（サーバやアプリケーションやネットワーク）だけではありません。ユーザが困ったときに、親身になってサポートするサービスデスクもサービスの構成要素の一つです。

これはIT以外の例で考えるとわかりやすく、例えばレストランでコーヒーメーカーや食洗器が動いていても、フロアに店員がいなければサービスは成り立たないのと同じです。

したがって、可用性を管理する際には、サービスを構成するものが何で、どのようにつながっているかを把握できていることが前提であり、それには「サービス構成管理」プラクティス（P.280参照）が参考になります。

また、より俯瞰的な視点で言えば、「アーキテクチャ管理」プラクティス（P.232参照）も参考になるでしょう。

よくある質問

>> 可用性率は24時間365日で99.999%（ファイブナイン）が基本？

💡 いいえ、違います。可用性の目標値はサービスごと、顧客ごとに異なり、「顧客がいつサービスを使いたいのか」「どれくらい確実にサービスが提供されないと事業成果に影響が出るのか」「そのための予算はあるのか」に基づいて決定する必要があります。例えば、平日しか営業していない事業に24時間365日の可用性は不要です。

なお、BtoCのサービスの場合は、一人一人の顧客（＝ユーザ）に合わせることは非現実的であるため、可用性はサービス・プロバイダが決定し、それに納得すればユーザが利用規約に合意するのが一般的です。

参考
「保証」を支える可用性管理

P.237で触れた通り、「保証」とは、有用性が使用に適したレベルで提供できているかどうか（可用性、キャパシティ、継続性、セキュリティ）を指します。「可用性管理」は、保証の1つを支えるプラクティスです。

8.17 【サービスマネジメント・プラクティス】

事業分析
［顧客分析］

戦略層
戦術層
運用層

「事業分析」とは？

≫ 定義

「事業分析」（ビジネス・アナリシス）とは、顧客の事業を多角的な観点（事業の強みと弱み、外的要因、事業戦略、デジタル戦略、重点施策、事業が展開している製品やサービス、業務プロセス、組織、人材、アーキテクチャ等）から分析することです。

なぜ事業分析を行うべきか？

参考

事業分析の目的

事業またはその何らかの要素を分析し、それに関するニーズを定義して、それらのニーズへの対応やビジネス上の問題の解決を行うためのソリューションを推奨すること。

出典「ITIL 4 ファンデーション」

事業分析を行う理由は、顧客の事業を分析して理解することで、事業に真の意味で価値のあるサービスを提供でき、顧客とともに価値を共創できるからです。

あるある失敗事例

≫ソフトウェアの機能要件を収集する目的でのみ事業分析を実施したら失敗した！

● IT分野で以前から利用されている「事業分析」は、主にソフトウェア開発の場面で使用されることが多く、事業分析というよりは「業務プロセスの分析」に終始しがちです。

なぜなら、一般的な事業分析は、業務プロセスをソフトウェアに置き換えるために機能設計を行いたい、という目的から始まることが多いためです。

　その点、ITIL 4の「事業分析」プラクティスは、より広範な目線での分析を指しています。

　まずは前述の通り、事業の強みと弱みや外的要因、事業戦略等もしっかりヒアリングしましょう。そしてそれをどのように実現できるかを、機能面だけでなく、定常的かつ継続的に提供できる仕組みや、さらには改善まで含めた仕組み作りの設計につながるように分析すべきです。

　特に「有用性」と「保証」のサービスを構成する2つの観点から要件を引き出し、分析することは基本です。

　また、事業分析は一度だけでなく、常に（定期的に）行うようにしましょう。

よくある質問

>> 事業分析とはサービス・プロバイダ自身の事業分析を行うということ？

⊙ いいえ、サービス・プロバイダ自身の事業分析ではなく、「顧客の事業の分析」のことを指しています。

　もちろん、サービス・プロバイダが自身の事業分析を行うのは、戦略作成のために必須ですので、「戦略管理」プラクティス（P.254参照）の活動に含まれています。

　繰り返しになりますが、「事業分析」プラクティスは顧客の事業を分析します。特に顧客と異なる組織（別会社）のサービス・プロバイダの場合は、顧客との関係が密でなければなかなか情報収集もできません。

　ですから、「事業分析」を効果的に進めるために、「関係管理」プラクティス（P.248参照）も活用することをおすすめします。

8.18 【サービスマネジメント・プラクティス】 キャパシティおよびパフォーマンス管理 ［数量結果］

戦略層
戦術層
運用層

「キャパシティとパフォーマンス」とは？

≫ 定義

KeyWord

パフォーマンス

システム、人、チーム、プラクティス、またはサービスによって達成または提供されたものの尺度。

出典「ITIL 4 ファンデーション」

　「キャパシティ」は「数や大きさや容量」、パフォーマンスは「サービスを構成するものが生成した結果」と言えます。

　例えば、サービスデスクの人数が多いと（＝キャパシティが大きいと）、そのぶん大量の電話に対応できるので、必然的にパフォーマンスは高くなります。あるいはネットワークの帯域幅が狭いと、レスポンスタイムが遅くなり、使用に耐えられないパフォーマンスとなってしまうでしょう。

なぜキャパシティとパフォーマンスを管理すべきか？

参考

キャパシティおよびパフォーマンス管理の目的

期待される合意済みのパフォーマンスがサービスで実現されるようにして、費用対効果の高い方法で現在および将来の需要を満たすことを確実にすること。

出典「ITIL 4 ファンデーション」

　キャパシティが不足すると可用性が下がり、サービスが使えなくなります。一方、キャパシティが大きすぎると財務的に「無駄」が発生し、費用対効果が低くなります。

　「キャパシティおよびパフォーマンス管理」は、このバランスを取って最適なサービス提供を実現するために行います。

　キャパシティは機能ではなく、その機能を適切に使えることを「保証」するための「非機能」の一つです。

あるある失敗事例

≫**ユーザのアクセスが急増し、サービスがダウンしてしまった!**

◆ まずはユーザのアクセス数を想定し、顧客と合意した（または自分達で目標設定した）パフォーマンスを出せるよう、システムを含めサービスを構成する要素のキャパシティを設計し実装する必要があります。

　しかし、サービスを提供している中で、サービスに対するユーザ需要は変動するため、日々キャパシティの利用量をモニタリング（監視）し、分析し、必要に応じてチューニング（多くの場合は増加ですが、需要が減る場合は削減もありえます）を行うことも必要です。

　サービスは長期間利用されるわけですから、「作ったら終わり」ではなく、継続的な管理を意識するようにしましょう。

よくある質問

≫**キャパシティの傾向分析はどのくらいの頻度で行うべき?**

◆ 環境（取り扱っているサービスとシステムと利用状況）によりますが、最近ではAIが搭載されていて、リアルタイムに分析して警告や推奨を提示してくれる監視ツールも存在します。必要に応じてそういった最新技術やサービスを活用することをおすすめします。

> **参考**
>
> ### 「保証」を支えるキャパシティおよびパフォーマンス管理
>
> P.237で触れた通り、「保証」とは、有用性が使用に適したレベルで提供できているかどうか（可用性、キャパシティ、継続性、セキュリティ）を指します。「キャパシティおよびパフォーマンス管理」は、保証の1つを支えるプラクティスです。

【サービスマネジメント・プラクティス】 戦略層

8.19 変更実現
[変化進化] 戦術層 運用層

「変更実現」とは?

>> 定義

KeyWord

変更

サービスに直接的または間接的な影響を及ぼす可能性がある何らかの追加、修正、削除。

出典「ITIL 4 ファンデーション」

「変更実現」とは、上述の通りサービスに影響を及ぼす何らかの追加、修正、削除のことを指します。

例

・新しいサービスを立ち上げた　・誰もアクセスしていないシステムを停止した
・バグ（不具合）を修正した　　・機能を追加した、マニュアルを更新した

なぜ変更を実現すべきか?

参考

変更実現の目的

リスクの適切な評価を確実に行い、変更の進行を承認し、変更スケジュールを管理することで、サービスおよび製品の変更が成功する回数を最大化すること。

出典「ITIL 4 ファンデーション」

　サービスの世界では、「何かを変えると何かが起きる」と言われます。「変更」の怖いところは、何がどの程度起きるか、変更することによる影響を完璧には予測できない点にあります。つまり、変更に「リスク」はつきものなのです。しかし、変更は避けて通れません。変更しないということは、改善しないということだからです。

　より良い価値を届け続けるためには、「変更」は必須です。その変更を成功させ、確実に前進していくために「変更」を「管理」する必要があります。

あるある失敗事例

>>声の大きいお客様の要望で機能追加したが、誰も使っていない…

⬤ 変更すべきかどうかは、「誰がその変更要求を出したか」ではなく、「投資対効果はあるか」「変更のリスクは許容範囲内か」で決めましょう。なお、履歴を残すためにも、変更の要望は口頭依頼ではなく、正式な変更要求（RFC）を所定のフォーマット（メールや申請書やWebフォーム）で提出してもらうようにして下さい。

KeyWord

変更要求（RFC, Request For Change）

変更実現を開始するために使用される、提案された変更の説明。

出典「ITIL 4 ファンデーション」

よくある質問

>> 変更要求（RFC）を受け取るのはサービスデスク？

⬤ サービスデスクは「対ユーザ窓口」なので、ユーザ以外からの提出もあるRFCの受付は他にしたほうがよいでしょう。

MEMO

ITIL V3/2011からの変更点
「変更管理」プラクティスの名称が、ITIL 4では「変更実現」に変更されました。形式的な「管理」ではなく、とにかく変更を「実現」することが大切であると強調したい気持ちから、「変更実現」という名称になったと考えられます。

参考

変更の3つの種類

ITILでは、変更実現の効率と効果を上げるために、変更をリスクと緊急度の観点から次の3種類に分けて管理することをおすすめしています。

標準的な変更：変更作業の手順が確立し承認されていて、その手順通り実施すればリスクが低い変更です。実施にあたり再度承認は不要で、通常の運用活動の一環として対応可能です。

緊急の変更：インシデント解決のためやセキュリティ対策のためなど、緊急性の高い変更です。変更のリスクは高いので、急ぎつつも、承認やテストは行ってから変更しましょう。

通常の変更：上記2つ以外の変更です。投資対効果や変更のリスクを吟味し、承認やテストを行ってから変更しましょう。変更の内容やリスクレベルによって、承認する人やチーム（変更許可委員）を分けておくと効率的です。

8.20 【サービスマネジメント・プラクティス】 インシデント管理 ［迅速復旧］

戦略層
戦術層
運用層

「インシデント」とは？

>> 定義

KeyWord

インシデント

サービスの計画外の中断、またはサービスの品質の低下。

出典「ITIL 4 ファンデーション」

　「インシデント」とは、文字通り計画外のサービス中断や品質低下などのトラブルを指します。

（ 例 ）

・サービスの計画外の中断：Webページにエラーが表示され前に進まない、問い合わせの電話に誰も出ない

・品質の低下：Webページがなかなか表示されない、問い合わせの対応が非常に悪くたらい回しにあっている

参考

一般的にこれもインシデント

中断や品質低下に至る前の、サービスを構成しているモノの障害も一般的に「インシデント」と呼ばれます。例えば、二重化（冗長化）したシステムの片方が停止してしまい、もう片方が動作して何とかサービスを提供できている状態などがそれに当てはまります。

参考

インシデント管理の目的

可能な限り迅速にサービスを通常のサービスオペレーションに回復して、インシデントの悪影響を最小限に抑えること。

出典「ITIL 4 ファンデーション」

なぜインシデントを管理すべきか?

インシデントが発生すると、サービスが止まるか、サービスの品質が下がります。つまり、それを利用しているユーザからするとサービスが使えない状況になってしまうということです。

ユーザはサービスを使用して本来自分が成し遂げたいこと（成果）があるわけで、そのためにサービスに対して対価を支払っているわけですから、インシデントの発生はゆゆしき事態です。

したがって、責任あるサービス・プロバイダとしては、インシデントをできる限り迅速に解決して、通常状態（ユーザがサービスにアクセスできる状態）に戻すことを目指さなくてはなりません。

あるある失敗事例

≫インシデントの原因を調べていると、結構時間が経っていることがある…

⏩ サービスの回復（サービスを使えるようになること）を最優先で考えましょう。原因調査から始めるのではなく、まずは暫定処置（回避策、ワークアラウンド）がないか探しましょう。過去の対応履歴を検索することも有用です。

≫ やっと解決したインシデントの解決策を同僚が知っていた…早く言ってよ!

⏩ このような事態を防ぐために、インシデントの対応履歴を記録して、メンバー間で共有するようにしましょう。対応履歴には、「どのようにしてインシデントをクローズできたか」についても記録すべきです。このように、インシデント1件ごとの対応を迅速にするよう努めるだけでなく、全体を見て仕組みを改善することも意識しましょう。

よくある質問

≫ インシデントの根本解決はしなくていいの?

⏩ 重大なインシデントや再発するインシデント等、放っておくと被害が大きくなるインシデントは、もちろん根本解決するべきです。その活動は「問題解決」と呼び、「問題管理」プラクティス（P.274参照）が参考になります。「インシデント管理」プラクティスとは分けて考え、管理するようにして下さい。

8.21

【サービスマネジメント・プラクティス】

IT資産管理
[IT資産]

戦略層

戦術層

運用層

「IT資産」とは？

>> 定義

KeyWord

IT資産

IT製品またはITサービスの提供に利用できる、経済的な価値を持つ全てのコンポーネント。
出典「ITIL 4 ファンデーション」

　上記の「IT資産」の定義のうち、「経済的な価値を持つ」という点がポイントです。金額がつかないものは「IT資産」とは呼びません。「サービス構成管理」プラクティス（P.280参照）の「構成アイテム（CI）」と混同しやすい単語ですので注意して下さい。

　なお、IT資産は、次のように多岐にわたります。

例

　・ハードウェア（サーバ、PC、マウス、モバイル端末等）
　・ソフトウェア
　・クラウド・サービス
　・ネットワーク（ルータ、ハブ、Wi-Fi等）
　・建物

なぜIT資産を管理すべきか？

参考

IT資産管理の目的

組織の役に立つようにあらゆるIT資産の全ライフサイクルを計画して管理すること。
出典「ITIL 4 ファンデーション」

　前述の通り、サービスを構成するIT資産は多岐にわたり、管理せずに全てを把握することは不可能です。特にソフトウェアやクラウド・サービスは、誰がどのように使っているか、物理的に見えないという点でもリスクが高いと言えるでしょう。

　最近は、サブスクリプション形式でユーザが勝手に契約してしまうケースが多く、いったん契約すると「ずるずると費用を支払い続ける」というのがよくあるパターンです。また、「組織でまとめてソフトウェア・ライセンスを購入したが、実際にはほとんど使用されていなかった」というケースもあり、IT資産への適切な投資と利活用ができているとは言えません。

　さらに、目に見えるハードウェアも、サーバやネットワーク機器の管理、ユーザに貸与している機器の管理等を徹底しておかないと、機密データの紛失や流出につながりかねません。せっかく投資した資産なのですから、有効活用し、損害が出ないように管理していくことが大切です。

あるある失敗事例

≫ 営業部門のメンバーが勝手にクラウド・サービスを契約していたが、IT資産として計上されていなかった！

● クラウド・サービスが乱立するようになり、安価で簡単に申し込みができるため、ユーザは「ITを利用している」という感覚なく申し込んでしまいます。

　「組織全体の財務管理（またはサービス財務管理）」という観点で考えた場合、そのコストはどこに計上するべきかは（ITか？ 営業か？等）、後々問題となります。特にクラウド・サービスやサブスクリプション型のソフトウェア契約は、これまでになかった契約形態です。計上や管理についてのルールが整備されていない可能性が高いので、注意するようにしましょう。

よくある質問

≫ 「IT資産」と「構成アイテム（CI）」の違いは？

● 前述の通り、「IT資産」は財務的価値があるものだけが対象です。一方「構成アイテム」は、財務的価値の有無に関わらず、サービスを構成するもので管理する必要があるものです。ですから、例えば「ユーザマニュアル」は、IT資産ではありませんが、構成アイテムとなりえます。

8.22 【サービスマネジメント・プラクティス】 モニタリングおよびイベント管理 ［状態監視］

戦略層
戦術層
運用層

「イベント」とは？

>> 定義

KeyWord

イベント

サービスまたはその他の構成アイテム（CI）を管理するうえで重要な意味を持つ状態の変更。

出典「ITIL 4 ファンデーション」

　上記の「イベント」の定義のうち、「状態の変更」は、「ステータス変更」と言ったほうがイメージしやすいかもしれません。

　次の例を見て下さい。どれもサービスを管理するうえで重要な情報であり、リアルタイムで担当者に通知されたり、後日の調査のために記録されたりすべきものと言えます。これが「イベント」です。

例

　・システムが正常に起動した（通常の状態になった）
　・CPU使用率が70％を上回った（異常な状態になった）
　・エラーが発生した（例外の状態になった）

なぜイベントを管理すべきか？

参考

モニタリングおよびイベント管理の目的

サービスおよびサービス・コンポーネントを体系的に監視し、イベントとして識別された状態の変更を選別して記録および報告すること。

出典「ITIL 4 ファンデーション」

　イベントを管理していないと、実際にインシデントが発生してサービスが中断し、ユーザから連絡が来るまで気付くことができません。

　特にサーバやアプリケーションやネットワークなど、サービスの根幹となる部分を構成している構成アイテム（CI）で障害が発生した場合は、ユーザから連絡が来るころには、数百、数千という全ユーザに影響が出てしまっている状況となっていることでしょう。

　このような状況では、技術的な対応だけでなく、ユーザ一人一人からの問い合わせへの対応や顧客への説明なども必要です。それらを加味すると、インシデント対応の初動が遅れてしまった場合は、サービス復旧までにより長い時間と多大なコストがかかることになることは明らかです。顧客の満足度も信頼も大幅に下がり、その回復にも時間がかかることでしょう。

　このような状況を最小限に抑えるために、イベントを監視し、次のようなことを目指す必要があるのです。

　　・ユーザに影響が出る前に、インシデントを解決する
　　・できれば、インシデントの予兆を検知し、事前に対処する

あるある失敗事例

≫ お客様からの「サービスが止まっている」という連絡でインシデントに気付き、対応を開始している…

⊙ このようなことが発生しないように、イベント管理を充実させましょう。最近ではAIも連携して、イベントの種類に応じて自動的に対応したり、傾向分析を行ってリスクを報告してくれたりという機能を持つ監視ツールやイベント管理ツールも出てきています。それらのツールも積極的に活用するようにしましょう。

よくある質問

≫ 「監視」と「イベント管理」は違うの？

⊙ 「監視（モニタリング）」は、ずっと対象物を見ていることです。一方「イベント管理」は、そこから得られた情報を適切にフィルタリングし、自動対処したり、人に通知して人が適切な対応をしたり、傾向分析から新たな監視と対処の方法を追加したりすることです。「イベント管理」のために「監視」は必須だと言えるでしょう。

8.23 【サービスマネジメント・プラクティス】
問題管理
［根本解決］

戦略層
戦術層
運用層

「問題」とは？

≫ 定義

KeyWord

問題

1つまたは複数のインシデントの原因、または潜在的原因

出典「ITIL 4 ファンデーション」

「問題」とは、インシデントの原因や潜在的原因を指します。

例

・インシデントの原因：「全ユーザがWebページにアクセスできない」というインシデントの原因（例えばアプリケーションのバグなど）
・インシデントの潜在的原因：「問い合わせの電話に誰も出ない」というインシデントがそのうち、発生しそうな潜在的原因（例えば問い合わせ数が増加傾向にあり、電話対応窓口の担当者数が不足気味であるという状況など）

なぜ問題を管理すべきか？

参考

問題管理の目的

インシデントの実際の原因と潜在的な原因を特定し、ワークアラウンドと既知のエラーを管理することで、インシデントの発生する可能性とインパクトを抑えること。

出典「ITIL 4 ファンデーション」

KeyWord

ワークアラウンド

まだ完全な解決策がないインシデントまたは問題のインパクトを軽減または排除するソリューション。インシデントの発生する可能性を抑えるためのワークアラウンドも存在する。

出典「ITIL 4 ファンデーション」

KeyWord

既知のエラー

分析済みだが未解決の問題。

出典「ITIL 4 ファンデーション」

　何らかの「問題」があると、インシデントが発生することになります。当然ですが、インシデントが発生するとサービスが中断するので、ユーザは成果を達成することができなくなります。したがって、インシデントの原因である「問題」を突き止め、取り除き、インシデントの発生や再発を防ぐことはとても重要です。

　ただし、インシデントが発生するたびに根本解決を目指していては、いくら時間があっても足りません。ですから、限られたリソースの中で優先度を付けて実施するべきです。

　また、全ての問題を根本解決することはできません。根本解決できない場合は、せめて最適なワークアラウンドを見つけ、その情報をインシデント解決に携わるメンバーに共有するようにしましょう。

　そうすれば、インシデントが発生／再発した際に、最も短時間でサービスを復旧することができるようになります。

あるある失敗事例

>> インシデントを合意時間内にクローズしているが、再発数が増加し、顧客満足度が下がってしまった…

⏩ たとえインシデントの解決時間が顧客と合意した時間内に収まっていても、あまりに再発数が多いと、全体（中断件数や総中断時間）で考えればその影響度は大きくなり、顧客満足度が下がってしまいます。インシデントは1件ではなく「全体」で考えて、優先度を決めて対応するようにしましょう。

よくある質問

>> 根本解決できなかった問題はクローズしていいの？

⏩ 終わっていないので、クローズはしないのが基本です。ただし、優先度が下がることはありえるでしょう。

8.24 【サービスマネジメント・プラクティス】 リリース管理 ［利用開始］

戦略層
戦術層
運用層

「リリース」とは？

≫ 定義

KeyWord
リリース

使用可能にしたサービスまたは他の構成アイテムのバージョン、あるいは構成アイテムの集合。
出典「ITIL 4 ファンデーション」

　上記の「リリース」の定義のうち、「使用可能」になったかどうかがポイントです。「リリース」は、「展開管理」プラクティスの「展開」と混同しやすい単語ですので注意して下さい。例えば次のようなものがリリースに該当します。

●最新バージョンのサービス

　サービスを構成するハードウェア、ソフトウェア、文書（設計書、マニュアル、SLA、契約書等）、プロセス、ITスタッフのトレーニング、ユーザのトレーニングなどを含めて、1つのリリースとなります。

●バグ修正された機能

　修正した箇所（またはそれを含むひとまとまり）が1つのリリースとなります。

なぜリリースを管理すべきか？

参考
リリース管理の目的

新規および変更されたサービスと特性を利用可能な状態にすること。
出典「ITIL 4 ファンデーション」

　サービスは、ユーザが利用して初めて価値が出ます。それが確実になるように管理する作業が「リリース管理」です。

　例えばせっかく最新のサービスを開発しても、いつリリースするのかを関係者にしっかり伝えていなかったら、リリース日に向けての準備の足並みがそろいません。また、予定が伝わっていないとユーザも混乱してしまい、むしろ最新サービスを「迷惑」と感じるかもしれません。場合によっては、新機能が使えるようになっているのに、ユーザに伝わっていないために「誰も利用していない」という残念な状況にもなりかねないでしょう。

　「リリース管理」では、このようなリリース計画の伝達を含め、ユーザがサービスを利用できる状態にすることを目指します。

あるある失敗事例

>> 使われていない機能を廃止したときに限って、ユーザから「つながらない」と連絡が来る…

● 機能やサービスを廃止することもリリースの1つです。ですから、機能やサービスの廃止もリリース管理の手順に従って、いつから使えなくなるかという予定を関係者に事前に連絡しましょう。その連絡を認識していないユーザから問い合わせがあることはもちろん想定できるので、サービスデスクにもあらかじめ情報共有し、事前に準備しておいてもらうとよいでしょう。

よくある質問

>> 「変更実現」と「リリース管理」の違いは？

● 「変更実現」（P.266参照）では、変更要求（RFC）について変更すべきかどうかを判断し、承認したものについては変更が完了し、期待した効果が出たかどうかまでを管理します。

　一方「リリース管理」は、変更管理で承認したものについて、予定通りにリリースし、利用可能な状態にするところまでを管理します。

　つまりリリース管理は、変更実現のサブプラクティスであるとも言えるでしょう。

8.25 【サービスマネジメント・プラクティス】 サービスカタログ管理 [概要説明]

戦略層
戦術層
運用層

「サービスカタログ」とは？

>> 定義

KeyWord

サービスカタログ

特定の対象者に合わせて、サービス・プロバイダの全てのサービスおよびサービス提供に関する構造化された情報。

出典「ITIL 4 ファンデーション」

「サービスカタログ」とは、「提供中のサービス全部についての説明一式」と言えます。

なぜサービスカタログを管理すべきか？

参考

サービスカタログ管理の目的

全てのサービスとサービス提供に関する一貫した情報を一元管理し、その情報を関連する対象者が利用できるようにすること。

出典「ITIL 4 ファンデーション」

「サービスカタログ」を管理する理由は、サービスに関わる全ての利害関係者が、各サービスについての共通認識を持つためです。利害関係者のそれぞれの視点で見ると、次のようになります。

- ・ユーザ　　　　　：自分が利用できるサービスとその内容を理解する
- ・顧客、スポンサ　：自分達が対価を支払っているサービス一覧とその内容を理解し、投資に見合う価値を得ていることを理解する

・サービス・プロバイダ：自分達が提供しているサービスの内容とレベル（有用性と保証）について理解し、どれを優先的に対応すべきか、お客様が認識しているサービスは何かを理解する

・パートナ、サプライヤ：自分達が携わっているサービスの全体像を理解する

あるある失敗事例

≫ ユーザが期待しすぎていたため、満足度が下がった!

🔵 サービスに対するユーザの事前期待が高すぎると、実際に体験した際にそのギャップから満足度は下がるものです。不必要に期待させて不満を持たせてしまうのは、サービス・プロバイダにとってもユーザにとっても残念なことです。サービスの詳細をサービスカタログに明記して、共通理解を持ってもらうようにしましょう。

なお、「サービス要求管理」プラクティス（P.290参照）も活用すると、サービスカタログ（Webページ）からサービス要求を提出（Webフォームから申請）し、自動的に処理され、その状況やユーザからのフィードバックが集計される、というような、総合的な管理ができるようになるでしょう。

よくある質問

≫ カタログは美しいデザインにしなくてはいけない?

🔵 社内サービスであれば、身内が使うものなので、「Excelで一覧をまとめる」というレベルの簡易なものでも構いません。

ただし、BtoBやBtoCの対外的なサービスビジネスの場合は、カタログ自体が営業ツールとなるので、わかりやすく魅力的なものを用意するようにしましょう。

参考
「サービス・ポートフォリオ」と「サービスカタログ」との関係は?

ポートフォリオの中でも、特に「サービス・ポートフォリオ」と「サービスカタログ」とは直接関係があります。現在と今後のサービスの一覧をまとめたものがサービス・ポートフォリオであり、現在提供中（＝運用中）のサービスの説明をまとめたものがサービスカタログです（P.245もご参照下さい）。サービス・ポートフォリオの中で、サービスを実施することが決定したサービスについては、「サービスカタログ管理」と連携して、早めにサービスカタログを作り始める等の連携をしていくことをおすすめします。

8.26 【サービスマネジメント・プラクティス】
サービス構成管理
［最新構成］

戦略層
戦術層
運用層

「サービス構成」とは？

>> 定義

「サービス構成」とは、サービスが何で構成されていて、それらがどのようにつながっているか、ということです。

サービスを構成している一つ一つのものを「構成アイテム（CI）」と呼びます。

KeyWord

構成アイテム（CI、Configuration Item）

ITサービスを提供するために管理する必要がある、あらゆるコンポーネント

出典「ITIL 4 ファンデーション」

構成アイテムは、次のように多岐にわたります。

［　例　］

　　・ハードウェア（サーバ、PC、マウス、モバイル端末等）

　　・ソフトウェア

　　・ネットワーク（ルータ、ハブ、Wi-Fi等）

　　・文書（契約書、SLA、プロセス文書、作業手順書、ユーザマニュアル等）

　　・建物

　　・サプライヤ（クラウド・サービスも含む）

　　・人

なぜサービス構成を管理すべきか？

参考

サービス構成管理の目的

サービスの構成およびそれらを支援するCIに関する正確で信頼できる情報を、必要なときに必要なところで利用可能であることを確実にすること。

出典「ITIL 4 ファンデーション」

　最新のサービス構成に関する情報が管理されていると、例えば次のように、サービスマネジメント全体がスムーズに動きます。最適なサービスを提供し、お客様に価値を届けるためにも、サービス構成管理は非常に重要であると言えるでしょう。

・インシデント管理：迅速かつ的確な状況の切り分けと対処が行える
・変更実現　　　　：変更すべきかどうかの判断がしやすい
・サービス財務管理：サービスごとの投資対効果の分析や次の投資判断がしやすい

あるある失敗事例

\>\> 最新の構成情報が間違っていたため、作業実施後にインシデントが発生した！

　多くの場合、このようなインシデントが発生すると、「作業ミス」として作業者に非があるような形で片付けられてしまい、再発防止策は「最新の構成状況を確認してから作業を行う」となりがちです。
　しかしこれは間違いで、「サービス構成管理を見直し強化する」とすべきです。

よくある質問

\>\> サービス構成管理は「システム構成図」を維持管理していればOK？

　「システム構成図」は、一般的にシステム全体がどのようなものがつながって構成されているかを表した図なので、コンセプトとしてはサービス構成に近いのですが、サービス構成とは少し異なります。
　システム構成図には複数のサービスが含まれていて、かつ、それを構成するIT要素であるハードウェア、ソフトウェア、ネットワークのみが記載されています。
　一方、サービス構成は、1つのサービスを軸として、そのサービスを構成するもの（文書や人も含める）とそのつながりをまとめていきます。「サービス」を基点として考えることが、サービス構成管理のポイントです。

8.27 【サービスマネジメント・プラクティス】 サービス継続性管理 [不測事態]

戦略層
戦術層
運用層

「サービス継続性」とは？

>> 定義

「サービス継続性」とは、サービスをずっと継続して提供し続けることです。これはP.260で紹介した「可用性」（使いたいときに使えること）と似ていますが、「サービス継続性」の場合は、特に次のような特殊な場合（いわゆる「不測の事態」）に特化した継続性を意味します。

例

- ・災害　　　　：地震、津波、洪水、台風、大雪、火山の噴火等の自然災害、および、戦争、原発事故、有害物質の流出等の人的災害など
- ・テロ　　　　：爆弾テロや人質を取るテロをはじめ、サイバーテロやバイオテロも含む
- ・パンデミック：感染症や伝染病が、国内または世界中に拡大すること

参考
災害

上記の全てを含め、その結果として多大な被害が出ている状況を「災害」と呼ぶこともあり、この後紹介する「サービス継続性管理の目的」内の「災害」は、この広い意味で使用されています。

KeyWord
災害

組織に大きな損害や深刻な損失をもたらす、予定外の突然の出来事。

出典「ITIL 4 ファンデーション」

なぜサービスの継続性を管理すべきか?

参考

サービス継続性管理の目的

災害の発生時にサービスの可用性およびパフォーマンスを十分なレベルで維持することを確実にすること。

出典「ITIL 4 ファンデーション」

「サービス継続性」を管理する理由は、万が一の不測の事態でも、提供しなくてはいけないサービス(の一部)を維持するためです。逆に言えば、継続が不要なサービスを洗い出し、そこへの投資を他に回すためとも言えます。

あるある失敗事例

≫ まさか発生しないだろうと思っていた災害が発生した!

⏩ 「不測の事態」は、予測できないので「不測」なのです。だからこそ、リスクを洗い出し、発生頻度や発生時の影響度を割り出し、発生した際にそれを受け入れるのか対策を打つべきかを客観的に分析して、適切な準備をしておくべきです。したがって、「リスク管理」プラクティス(P.250参照)が参考になります。

よくある質問

≫ コンティンジェンシー・プランとの違いは?

⏩ 「コンティンジェンシー・プラン」とは、災害発生時などの緊急時に被害を最小限に抑えるための対応と普及に焦点を絞った計画のことです。一方「サービス継続性管理」は、それも含めて、緊急時にサービス(とその先の事業)を継続することを目的とした、より範囲の広いものです。

参考

「保証」を支えるサービス継続性管理

P.237で触れた通り、「保証」とは、有用性が使用に適したレベルで提供できているかどうか(可用性、キャパシティ、継続性、セキュリティ)を指します。「サービス継続性管理」は、保証の1つを支えるプラクティスです。

8.28

【サービスマネジメント・プラクティス】
サービスデザイン
［価値設計］

戦略層
戦術層
運用層

「サービスデザイン」とは？

>> 定義

　「サービスデザイン」とは、名前の通り、「サービス」を「設計（デザイン）」することです。

　サービスは、顧客がいつアクセスしても、常に価値を感じてもらえるようにすることで、リピートして継続的に利用してもらいやすくなります。

　したがって、サービスを設計する際には、顧客の目的に適った「機能」を設計するだけでなく、その機能をいつも使用できるように「非機能」の設計（運用設計）も行わなくてはなりません。ITILでは前者を「有用性」、後者を「保証」と呼びます。また「保証」を構成する主な項目としては、「可用性」「キャパシティ」「継続性」「セキュリティ」の4項目があります。

　　・機能　　　：サービスの有用性
　　・非機能　：サービスの保証。具体的には可用性、キャパシティ、継続性、セキュリティ（ITサービスの場合は「情報セキュリティ」）の4項目

　他にも、P.50で紹介した「サービスマネジメントの4つの側面」（「組織と人材」「情報と技術」「パートナとサプライヤ」「バリューストリームとプロセス」）など、多角的な観点でのサービス設計が必要となります。さらに、顧客の声を拾うための仕組み（アンケートやその他のタッチポイント）や価値共創のための仕組み、継続的に改善するための仕組みの設計も必要でしょう。

なぜサービスをデザインすべきか?

参考

サービスデザインの目的

目的に適し、使用に適し、さらに組織およびそのエコシステムによって提供できる製品および
サービスを設計すること。

出典「ITIL 4 ファンデーション」

　サービスは形がなく、顧客が期待する価値も外的環境もどんどん変化し、様々な関
係者も変化しながら関わっていきます。

　そのような中で、継続的に利用してもらえるように価値を出し続けるためには、
サービスの内容とそれを実現するための事柄を設計し、関係者間で共通認識を持つこ
とが重要です。

あるある失敗事例

≫ 運用もイメージしながら設計したつもりだったが、いざ運用を開始すると
　様々なインシデントが発生した!

⊙ 開発と運用を異なるメンバーが行っている場合に発生しがちな事態です。そのよう
な場合は、運用設計の際に運用のメンバーに参加してもらい、最新の運用状況を元
にした意見を出してもらうようにしましょう。そのほうが、運用の際の引き継ぎもス
ムーズになります。

よくある質問

≫ 「サービスデザイン」プラクティスは、新規にサービスを立ち上げる際にの
　み参考となるものですか?

⊙ いいえ、新規に立ち上げる際だけでなく、リリース後にも参考になるものです。
サービスの運用中には大小様々な変更が必要となるはずですが、変更内容の設計にも、
サービスデザインは参考になります。さらに、サービスを廃止する際にも参考になる
など、サービスデザインはリリース後の様々な状況で有用です。

8.29 【サービスマネジメント・プラクティス】
サービスデスク
［一次窓口］

`戦略層` `戦術層` `運用層`

「サービスデスク」とは？

>> 定義

KeyWord

サービスデスク

サービス・プロバイダとその全ユーザの間に位置するコミュニケーション・ポイント。

出典「ITIL 4 ファンデーション」

　「サービスデスク」とは、サービス要求やインシデントなど、ユーザが様々な問い合わせを行う際のサービス・プロバイダの窓口のことです。

参考

単一窓口（SPOC：Single Point Of Contact）

一般的に「サービスデスクは、全てのユーザに対する単一窓口であるべき」とされています。しかしそれは、サービスデスクの場所が物理的に一か所に集約されているべきということではありません。電話転送システムやメーリングリストを使用して、問い合わせを適切な担当者に割り当てたり、チャットボット等のbotを使用して自動応答を行ったりすることも、サービスデスクの一形態です。いずれにせよ、サービスデスクにおいては次の点が重要となります。

・ユーザにとって、どこに問い合わせればよいかが明確なこと
・最後まで責任を持って対応してくれる頼れる存在であること

なお、「最後まで責任を持って対応してくれる頼れる存在であること」と書きましたが、サービスデスクで全てを完全に対応する必要はありません。適切な2次窓口またはマネージャにエスカレーションしてももちろんOKです。ただし、その進捗状況は常に把握し、ユーザに説明できるようにしておくようにしましょう。

なぜサービスデスクが必要か?

参考

サービスデスクの目的

インシデント解決およびサービス要求の需要を収集すること。

出典「ITIL 4 ファンデーション」

「サービスデスク」が必要な理由は、「何かあればここに問い合わせればいいんだ!」と明確にすることで、ユーザが安心するからです。さらに、サービスデスクに問い合わせの対応ノウハウが蓄積されてくると、対応時間が短くなり、ユーザはどんどんスムーズにサービスを活用し、成果を出すことに集中できるようになります。

一方サービス・プロバイダの側も、比較的簡単な問い合わせ対応はサービスデスクに集中させ、技術力の高いメンバーは専門的な技術を要する活動に従事させることで、効率的なリソース活用ができるようになるというメリットもあります。

あるある失敗事例

≫ **ユーザがサービスデスクではなく、2次窓口の専門家に直接連絡を取ってくる…**

⮕ サービスデスクが機能することでどんなメリットがユーザにあるのかを説明し、必ずサービスデスクに問い合わせてもらうよう依頼しましょう。顧客から再度伝えてもらうことも有用です。また、2次窓口では受け付けておらず、サービスデスクに再度問い合わせてほしいと伝達することを徹底しましょう。

よくある質問

≫ **自動化されるとサービスデスクの人は不要になるの?**

⮕ 自動化で対応可能なのは、今のところ基本的には技術的な故障に関するインシデントのみです(エラー番号に基づく故障の解決や過去の対応履歴を元にしたワークアラウンドの提示、説明資料の提示など)。ですから、自動化すればサービスデスクの人間が不要になるわけではありません。しかし、自動化を推進すれば、技術的な単純な応対の負荷が激減するので、サービスデスクの担当者は、よりユーザに寄り添った丁寧かつ事業内容に踏み込んだサポートができるようになります。したがって、サービスデスクのスタッフには、コミュニケーションスキルや事業内容についての知識などを身に付けてもらうようにしましょう。

【サービスマネジメント・プラクティス】

8.30 サービスレベル管理
［満足追求］

戦略層
戦術層
運用層

「サービスレベル」とは？

>> 定義

KeyWord

サービスレベル

期待または実現されるサービス品質を定義する1つまたは複数の測定基準。

出典「ITIL 4 ファンデーション」

「サービスレベル」とは、文字通りサービスのレベル（品質）のことです。「ユーザが使えることを約束した機能」をどの程度のレベルで保証できるかについて、次の4項目の目標値を決め、顧客と合意するのが一般的です。

- ・可用性　　　　　　：使いたいときに使えること。
- ・キャパシティ　　　：数、大きさ、容量とその結果であるパフォーマンス。
- ・サービス継続性　　：災害、テロ、パンデミック等の不測の事態にサービス（の一部）を継続すること。
- ・情報セキュリティ：情報を安心安全に保護すること。

なぜサービスレベルを管理すべきか？

参考

サービスレベル管理の目的

サービスレベルについて事業ベースの明確な目標値を事業に基づいて設定し、その目標値に対して、サービスの提供を適切に評価、モニタリングおよび管理を確実にすること。

出典「ITIL 4 ファンデーション」

　サービスは一過性のものではなく、長期間継続して提供するものです。サービス提供に携わる人も多岐にわたり、入れ替わりもあります。もちろん、顧客が期待する価値も刻一刻と変化していきます。

　したがって、サービスレベルを「見える化」して共通理解を持ち、ユーザがいつでも同じサービスレベルでサービスを利用できるように管理することが大切です。

あるある失敗事例

>> SLAの月次報告で「インシデント報告はいらない」と顧客に怒られた!

　⏵ SLA（Service Level Agreement：サービスレベルの合意書）で合意した目標レベルでサービスを提供できているかどうかについては、「月次報告」という形で、毎月会議形式で顧客に報告するのが一般的です。

　その際、前月のインシデント発生件数やその対応結果を長々と報告して終わりとなってしまうケースが少なくありません。「月次報告」というのは、顧客との貴重な意見交換の場です。この場をどう活かして価値の共創につなげるかをぜひ考えるようにしましょう。

よくある質問

>> BtoC（一般消費者向け）のサービスでもSLAは必要?

　⏵ BtoCだと、契約者（兼利用者）一人一人と合意することになるわけですが、それは実質不可能です。BtoCのサービスビジネスは、むしろ全員に共通の基本的なサービスレベルが決まっていて、その内容を記載している利用規約に合意してもらえば利用を開始するというものが一般的です（追加料金を払えば手厚いサポートを受けられるオプションが付いているものもあります）。

MEMO

itSMF Japanの「価値あるレポート実践分科会」
ITSM/ITILを普及しているユーザグループであるitSMF Japanでは、有志が集まって活動する「分科会」があります。その一つである「価値あるレポート実践分科会」では、顧客にとって価値のあるレポートの書き方について、自分達の実践を通して仮説検証しながらその事例を発表しており、大変参考になります。

8.31

【サービスマネジメント・プラクティス】

サービス要求管理
[リクエスト]

戦略層

戦術層

運用層

「サービス要求」とは？

>> 定義

　「サービス要求」は、ユーザ（または代理人）からの、通常のサービス提供に対する要求のことです。あくまでユーザ（または代理人）からの要求のみを指しており、それ以外（スポンサや顧客、サービス・プロバイダ、パートナ、サプライヤなど）からの要求は「サービス要求」ではない点がポイントです。

例

　・ID発行の要求、プリンターのトナー交換の要求

　・サービスの利用方法についての質問

　・サービスに関する苦情や感謝、フィードバック

なぜサービス要求を管理すべきか？

参考

サービス要求管理の目的

事前に定義され、ユーザが開始した全てのサービス要求を、効果的かつユーザ・フレンドリーな方向で処理することによって、合意されたサービス品質を支援すること。

出典「ITIL 4 ファンデーション」

　上記の定義にある通り「サービス要求」とは、合意されたサービス活動を開始するための要求です。

　合意された内容ですから、サービス要求を受け付けたら、迅速かつ確実に実施するのは当然です。これをいかに効率的かつ効果的に行うかを追求します。

MEMO

ITIL V3/2011からの変更点

従来のITILでは「要求実現」でしたが、ITIL 4では「サービス要求管理」に変更となりました。これまでは決められた活動に基づき「確実に実現する」ことが主目的でしたが、これからは自動化やAIなども活用して、「効率と確実性だけでなく、UX（ユーザ体験）とCX（顧客体験）への貢献の追求」に重きを置くため、「管理」へと名称が変更されたのではないかと考えられます。

あるある失敗事例

>> 「問い合わせ」という名目で、インシデントも依頼も全部来て大混乱！

● まずは、「合意しているサービスの範囲に関する要求」と「それ以外の要求」を分けましょう。範囲外の場合は、その旨を説明して差し戻しましょう（ただし、今後の新たなサービス企画や機能追加、サービス改善のヒントが含まれているかもしれないので、顧客の声には耳を傾けるべきです）。

　次に、インシデントは「インシデント管理」プラクティス（P.268参照）へ、変更要求は「変更実現」プラクティス（P.266参照）へ転送するようにして下さい。

　なお、申請や対応が固定化できる要求は、メニュー化してWebフォームからの申請形式にし、なるべく自動化することをおすすめします。

参考

サービス要求とインシデント

これまでの慣習から、サービス要求はインシデントの一環として同じ管理台帳で管理している組織も多くあります。しかし、サービス要求とインシデントを全く同じプロセスで処理すると無駄が多くなり、また、どうしてもインシデントのほうが優先度が高くなるため、サービス要求の対応が遅くなってしまう可能性が高いという難点があります。したがって、たとえ台帳は同じでも、異なるプロセスで管理することをおすすめします。

よくある質問

>> 「要求」と「要件」は違うの？

● ITILでは、ユーザからの要望を「要求」、顧客（やスポンサ）からの要望を「要件」と分けて表現しています。前者は合意している内容に対して提供を促すトリガとなるのに対し、後者はサービスについての合意内容や新たなサービスに対する、組織の戦略や戦術を反映しての意見となります。

8.32 【サービスマネジメント・プラクティス】 サービスの妥当性確認およびテスト ［品質保証］

戦略層
戦術層
運用層

「妥当性確認」とは？

>> 定義

KeyWord

妥当性確認

システム、製品、サービスまたはその他のエンティティが合意済みの仕様を満たすことの確認。
出典「ITIL 4 ファンデーション」

「妥当性確認」とは、サービスについて顧客と合意し、「サービスデザイン」で設計された機能（有用性）と非機能（保証）の通りに提供できるかどうか、品質保証基準（受け入れ基準）を文書化し、その基準を満たせているかどうかを確認することです。

KeyWord

テスト

構成アイテム、ITサービス、プロセスなどが、その仕様や合意された要件に合致していることを検証する活動。
出典「ITIL 用語および頭字語集（ITIL 2011 ファンデーション版）」

「テスト」とは、妥当性確認で作成された品質保証基準（受け入れ基準）に基づいてテスト戦略、テスト計画、テストスクリプト、テスト項目等のテストを作成し、それを元にテストを実施して、その結果を検証する活動です。

なぜサービスの妥当性を確認し、テストをすべきか？

参考

サービスの妥当性確認およびテストの目的

新規または変更された製品およびサービスが、定義された要件を満たすことを確実にすること。
出典「ITIL 4 ファンデーション」

「サービスの妥当性確認およびテスト」の目的は、ずばり「約束した通りのサービスを提供し、約束した通りの価値をお届けするため」です。

ただ、外的環境や顧客の求める価値がどんどん変化するため、短い期間に区切りながら少しずつアウトプット（サービスの一部や機能追加）を出し、まずは使ってもらうことが先決です。顧客に使ってもらったうえでフィードバックを受け、「求められている（合意した）ことに妥当なものを提供できたか」「次は何を求められているのか」を顧客と共創するスタイルが、昨今は重視されるようになってきています。

あるある失敗事例

>> ユーザテストは問題なかったが、サービスをリリースしたところ、ユーザが想定外の使い方をしてインシデントが発生し、問い合わせが殺到した!

⏩ サービスを利用する実際のユーザの技術レベルや使い方を、事前になるべく想定するようにしましょう。特に新しい技術を用いていて、ユーザにもITリテラシーが必要とされるようなサービスの場合は、その技術に全く触れたことのないユーザに協力してもらい、テストを行うことも計画に含めましょう。

参考
テストの種類

テストの種類や関連する用語については、日本におけるソフトウェアテスト技術者資格認定の運営組織「JSTQB」（Japan Software Testing Qualifications Board）が公開している用語集が参考になります。詳しくは下記をご参照下さい。
http://jstqb.jp/syllabus.html#glossary_download

よくある質問

>> 初回のサービスをリリースしたタイミングでテストすればあとはテスト不要?

⏩ サービスは継続するものであり、どんどん改善（＝変更）していくものです。ですから初回リリース時だけでなく、変更の都度テストを行いましょう。

また、定期的なテストと妥当性確認を行うことで、サービスの品質を一定に保つことも可能になります。

8.33 【技術的マネジメント・プラクティス】
展開管理
［確実移行］

戦略層
戦術層
運用層

「展開」とは？

≫ 定義

KeyWord

展開（デプロイメント）

任意のサービス・コンポーネントを任意の環境に移動すること。

出典「ITIL 4 ファンデーション」

　「展開」の定義は上記の通りですが、上記の定義のうち「移動すること」というのがポイントです。「リリース管理」プラクティスの「リリース」（P.276参照）と混同しやすい単語ですので注意して下さい。

例

　・テスト済のサーバを本番環境に接続した
　・アプリケーションの最新モジュールをステージング環境へデプロイした
　・最新のユーザマニュアルを全ユーザにメールで配信した

なぜ展開を管理すべきか？

参考

展開管理の目的

新規または変更されたハードウェア、ソフトウェア、文書、プロセスまたはその他のコンポーネントを稼働環境に移行すること。

出典「ITIL 4 ファンデーション」

　ハードウェアにせよソフトウェアにせよ、新しい環境に移行するタイミングが、最もリスクが高いものです。したがって、失敗することなく、しかも効率的な移行ができるようにルールを決めたり、手順を整備したり、作業ノウハウを蓄積、整理、共有して、次回以降の展開作業をより確実かつ効率的に進めるための管理が必要となりま

す。これが「展開管理」です。

　展開を管理しないと、次のような残念な状況が続いてしまいます。

・展開するたびにインシデントが発生し、サービスが止まる
・同じような作業をしているのに毎回ゼロから手順書を作成していて無駄が多い
・毎回展開のたびに同じような失敗をしていて進歩がない

あるある失敗事例

≫ **全ユーザが利用するPCにソフトウェアを配信（展開）して完了したと思った**
ら、翌朝PCを起動した際に「インストールしますか？」というポップアップ・
ウィンドウが表示され、ユーザからサービスデスクへ質問が殺到した！

⊙ まず、展開作業を行うとどのような動作となるか、事前に最後まで動作確認をして
おくことが基本です。展開前に、テスト環境で必ずテストしておきましょう。これには
「サービスの妥当性確認およびテスト」プラクティス（P.292参照）が参考になります。

　また「ソフトウェア展開のタイミング」や、「その後にユーザ側の作業を行って初め
て利用可能になる」という説明を、事前に全ユーザに伝えておくべきだったとも言え
るでしょう。これは、「リリース管理」プラクティス（P.276参照）が参考になります。

よくある質問

≫ 「変更実現」と「リリース管理」と「展開管理」の関係は？

⊙ 簡単に図示すると、図8-3のようになります。

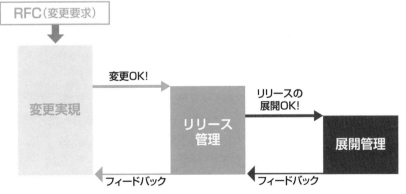

図8-3　「変更実現」と「リリース管理」と「展開管理」の関係

8.34 【技術的マネジメント・プラクティス】 インフラストラクチャおよびプラットフォーム管理 ［基盤管理］

戦略層
戦術層
運用層

「インフラストラクチャおよびプラットフォーム」とは？

>> 定義

KeyWord

ITインフラストラクチャ

サーバ、ストレージ、ネットワーク、クライアント・ハードウェア、ミドルウェア、オペレーティング・システム・ソフトウェアなどの物理技術リソースまたは仮想技術リソース（あるいは両方）であり、ITサービスを提供するために必要な環境。

出典「ITIL 4 ファンデーション」

ITインフラストラクチャとプラットフォームの定義は、世の中では確立しておらず、次のように諸説あります。

- ・どちらもほぼ同じことを指す
- ・プラットフォームはアプリケーションが動作する基盤であるミドルウェアやアプリケーションがアクセスするデータベースを指す。一方ITインフラストラクチャは、さらにその基盤となるサーバ、ストレージ、ネットワーク、ハードウェア、OS、クラウド環境を指す
- ・プラットフォームは「基盤」という意味でしかなく、状況や視点によって様々で、対象物に対して「一つ下の層」、例えば、コンピュータ・プラットフォーム、モバイル・プラットフォーム、認証プラットフォームなど多岐にわたる

なおITIL 4 では、次節で説明する「ソフトウェア開発および管理」プラクティスと対比して使用されることから、「ソフトウェア以外の全て」を「ITインフラストラクチャおよびプラットフォーム」としていると解釈してよいでしょう。ここには、建物や施設を含む場合もあります。つまり、「サービスを支える、アプリケーション以外のIT基盤全体」です（人やプロセスは含まれません）。

なぜインフラストラクチャとプラットフォームを管理すべきか?

インフラストラクチャおよびプラットフォーム管理の目的

組織が使用するインフラストラクチャとプラットフォームを監視すること。

出典「ITIL 4 ファンデーション」

　サービスを構成し、支えるIT基盤全体をしっかり設計して準備し、常にサービスがベストな状態で提供できるように管理することは非常に大切です。そして、それがインフラストラクチャおよびプラットフォーム管理の大目的でもあります。

　そのためには、サービスは何と何がつながってどのように構成されているかを認識しておくことが必須ですので、「サービス構成管理」(P.280参照) や「アーキテクチャ管理」(P.232参照) との連携が必要となります。さらに、適切なパフォーマンスを維持するためには、「キャパシティ管理」(P.264参照) との連携も重要となるでしょう。

あるある失敗事例

≫インフラ運用の担当者だが、アプリケーションの保守もしている…

⏩「名称」と「実際の役割と責任の範囲」にズレが発生している場合に起こりがちな状況です。この状況の場合、アプリケーションの設計・開発メンバーへの積極的・建設的なフィードバックや改善は期待できないので、サービスの特に機能面での改善が遅れがちになり、顧客満足度が下がるのは必須です。「ソフトウェア開発および管理」の観点から、どのような管理や役割と責任の分担や連携方法がよいか相談するとよいでしょう。

よくある質問

≫ Infrastructure as Codeはインフラ技術者の仕事?アプリ開発者の仕事?

⏩ Infrastructure as Code (IaC) とは、コンピュータやソフトウェアに関する構成情報や設定情報をプログラムコード化し、管理作業を自動化・省力化する作業です。範囲としてはインフラストラクチャですが、当然ながらコーディング技術が必要となります。ですから、これからの技術者は対象がインフラストラクチャであるかどうかにかかわらず、コーディング (を含むプログラミング) の技術が最低限必要と考えましょう。

8.35 【技術的マネジメント・プラクティス】
ソフトウェア開発および管理
［ソフト管理］

「ソフトウェア」とは？

>> 定義

　「ソフトウェア」の定義は様々ですが、「ソフトウェア開発および管理」プラクティスは、前節で紹介した「インフラストラクチャおよびプラットフォーム管理」プラクティスと対比して使用されるものです。ですから、ここでは基本的に「アプリケーション・ソフトウェア」を指していると解釈してよいでしょう。

　実際、多くのサービス・プロバイダは、OS（オペレーティング・システム）やミドルウェアやクライアントは自分達で開発するのではなく、他社で開発された製品を購入（調達）して使用するため、これらは「インフラストラクチャおよびプラットフォーム管理」のプラクティスが参考になると言えます。

　一方で、OSや組み込みシステム（ファームウェア）、データベースや開発ツール、監視ツール、管理ツールなどのミドルウェアそのものの開発と管理を行う場合には、この「ソフトウェア開発および管理」プラクティスが参考となります。

なぜソフトウェアを開発し管理すべきか？

参考

ソフトウェア開発および管理の目的

アプリケーションが機能性、信頼性、保守性、コンプライアンス性および監査性の面で、内外の利害関係者のニーズを確実に満たせるようにすること。

出典「ITIL 4 ファンデーション」

　アプリケーションは、ユーザがサービスを利用するにあたっての機能そのものと言えます。ユーザが求める機能を、使いやすさも含めて実現することは、サービスを価値あるものとするための第一歩です。さらに、従来のように「きっちり要件定義をし、要件を元に設計し、設計に基づいて開発してテストして展開する」だけではなく、「常にバージョンアップや機能追加を繰り返しながら進化することに耐えうる管理」が、これまで以上に求められるようになってきています。

　昨今は技術の進化により、これらを自動的かつ統合的に管理できるツールが比較的安価に手に入るようになってきています。ですから「ソフトウェア開発および管理」を行う際は、そのようなツールを積極的に活用することをおすすめします（逆に言えば、このようなツールが世に出てきたからこそ、アジャイル開発やDevOpsが一般化してきたとも言えます）。

あるある失敗事例

≫ 最新のアプリケーションがどれかわからなくなった!

🔴 基本的なことですが、「バージョン管理」は確実に行いましょう。命名規約を決める、保存するフォルダを決めるなど、ルールを決めて関係者全員が徹底することが大切です。また、バージョン管理ツールなどのツールをうまく活用して、管理の負担を下げるようにしましょう。

よくある質問

≫ エラー（バグ）を含むアプリケーションを展開せざるを得ない場合はどうすればよい?

🔴 特にウォーターフォール形式での開発の場合、納期（＝サービスのリリース予定日）の都合から、エラーが残っているのはわかっていても展開してサービスをリリースする場合もあることでしょう。

　その際は、わかっているエラー情報、つまりどのようなインシデントが発生するのかとそのワークアラウンド（暫定処置）を文書化して、サービスデスクも含む運用メンバーに引き継ぎましょう。そうすれば、インシデント発生時の混乱を最小限に抑えることができます。また、多くのユーザで発生することが明確な場合は、事前に全ユーザに知らせておく方法も有用です。

参考

ソフトウェア・ライフサイクル

ソフトウェアの考案から廃止までのライフサイクルは、一般的に「考案→設計→開発→テスト→展開→運用→廃止」であり、サービスのライフサイクルの考え方と共通します。

索引

301

著者プロフィール

最上 千佳子（もがみ・ちかこ）

京都大学教育学部卒業。システムエンジニアとしてオープン系システムの提案、設計、構築、運用、教育など幅広く経験。顧客へのソリューション提供の中でITサービスマネジメントに目覚め、2008年ITサービスマネジメントなどの教育とコンサルティングを行うオランダQuint社の日本法人である日本クイント株式会社へ入社。ITIL認定講師として多くの受講生・資格取得者を輩出。2012年3月、代表取締役に就任。ITをマネジメントという観点から強化し、ビジネスの成功に貢献するための人材育成と組織強化のコンサルティングに従事。定期的にITILの研修を行っており、受講者は累計1万人を超える。2022年1月現在、日本クイント株式会社代表取締役と株式会社ITプレナーズジャパン・アジアパシフィックディレクターを兼務。

装丁・デザイン 谷口 賢（タニグチ屋デザイン）
DTP　　　　 佐々木 大介

アイティル　フォー
ITIL 4の教本
ベストプラクティスで学ぶサービスマネジメントの教科書

2022 年 3 月 16 日 初版第 1 刷発行
2022 年 11 月 10 日 初版第 3 刷発行

著 者　　　最上 千佳子　（もがみ ちかこ）
発行人　　　佐々木 幹夫
発行所　　　株式会社 翔泳社（https://www.shoeisha.co.jp）
印刷・製本 日経印刷 株式会社

©2022 Chikako Mogami